煤炭行业特有工种职业技能鉴定培训教材

电机车司机

（初级、中级、高级）

河南煤炭行业职业技能鉴定中心　组织编写

主　编　刘书平

中国矿业大学出版社

内 容 提 要

本书分别介绍了初级、中级、高级电机车司机职业技能鉴定的知识要求和技能要求，内容包括电机车的基础知识、维护保养与常见故障处理、安全操作等知识。

本书是电机车司机职业技能考核鉴定前的培训和自学教材，也可作为各级各类技术学校相关专业师生的参考用书。

图书在版编目（C I P）数据

电机车司机 / 刘书平主编. 一徐州：中国矿业大学出版社，2012.11

煤炭行业特有工种职业技能鉴定培训教材

ISBN 978-7-5646-1708-0

Ⅰ. ①电… Ⅱ. ①刘… Ⅲ. ①井下运输—电力机车—职业技能—鉴定—教材 Ⅳ. ①TD524

中国版本图书馆 CIP 数据核字(2012)第 267577 号

书　名	电机车司机	
主　编	刘书平	
责任编辑	王江涛　李　敬	
出版发行	中国矿业大学出版社有限责任公司	
	（江苏省徐州市解放南路　邮编 221008）	
营销热线	(0516)83885307　83884995	
出版服务	(0516)83885767　83884920	
网　址	http://www.cumtp.com　E-mail：cumtpvip@cumtp.com	
印　刷	北京市兆成印刷有限责任公司	
开　本	850×1168　1/32　印张 9.75　字数 253 千字	
版次印次	2012 年 11 月第 1 版　2012 年 11 月第 1 次印刷	
定　价	35.00 元	

（图书出现印装质量问题，本社负责调换）

《电机车司机》
编审人员名单

主　　编	刘书平
编写人员	刘朝东　王红霞　茹华民
	陈宏章　范　婧　李海龙
主　　审	张俊安
审稿人员	赵军业　郭国亮　徐自善
	杨立纲　郑建英

目　录

第一部分　初级电机车司机知识要求

目　录

第四部分　中级电机车司机技能要求

第一部分
初级电机车司机知识要求

第一章 电工基础知识

第一节 直流电路

一、电流

金属导体内有大量的自由电荷（自由电子），在电场力的作用下，自由电子做有规律的运动，就形成电流。电流的单位为安培（A），常用的单位还有千安（kA）、毫安（mA）和微安（μA），换算关系如下：

$$1 \text{ kA} = 1 \times 10^3 \text{ A}$$
$$1 \text{ A} = 1 \times 10^3 \text{ mA}$$
$$1 \text{ mA} = 1 \times 10^3 \text{ μA}$$

习惯认为电流的方向是由正极流向负极，但实际上电子流动的方向是由负极流向正极，如图 1-1 所示。

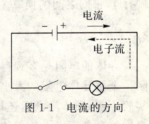

图 1-1 电流的方向

电流有两种，一种是大小和方向都不变的电流，叫做直流电，如干电池、蓄电池所产生的电流；另一种是大小和方向都按一定周期变化的电流，叫做交流电。

二、电位差、电动势和电压

当物体带有电荷时，该物体就有了一定的电位。通常以大地的电位作为零，当物体带正电荷时，它的电位就比大地高；当物体带有负电荷时，它的电位就比大地低。电位的单位是伏特，简称伏。文字符号用带下标的字母 V（或 φ）表示，如 V_A，即表示 A 点的电位。

电压又叫电位差,是衡量电场力做功本领大小的物理量,用符号 U 表示。电压的单位为伏特(V),常用的单位还有千伏(kV)、毫伏(mV)、微伏(μV)。其换算关系是:

$$1\ kV = 1 \times 10^3\ V$$
$$1\ V = 1 \times 10^3\ mV$$
$$1\ mV = 1 \times 10^3\ μV$$

常用电位差或电压表示两物体或两点间的电位差别。

电动势是衡量电源将非电能转换成电能本领的物理量,用符号 E 表示。电动势以伏特为单位。

三、电阻

导体对电流的阻碍作用称为电阻,用符号 R 表示,单位为欧姆(Ω)。如果导体两端的电压为 1 V,通过的电流为 1 A,则这段导体的电阻为 1 Ω。电阻常用的单位还有千欧(kΩ)和兆欧(MΩ),它们之间的换算关系为:

$$1\ MΩ = 10^6\ Ω$$
$$1\ kΩ = 10^3\ Ω$$

导体的电阻是客观存在的,即使没有外加电压,导体仍然有电阻。金属导体电阻的大小与其长度成正比,与其横截面积成反比。实验证明,导体的电阻还与其材料和温度有关,一般金属的电阻随温度的升高而增大。导体的电阻值可用下式计算:

$$R = \rho \frac{L}{S} \tag{1-1}$$

式中　R——导体的电阻值,Ω;

　　　L——导体的长度,m;

　　　S——导体的横截面积,m^2;

　　　ρ——导体的电阻率,Ω·m。

四、欧姆定律

部分电路欧姆定律的内容是:在不包含电源的电路中,流过导

体中的电流与这段导体两端的电压成正比,与导体的电阻成反比,即:

$$I=\frac{U}{R}\qquad(1\text{-}2)$$

式中 I——导体中的电流,A;

U——导体两端的电压,V;

R——导体的电阻,Ω。

欧姆定律揭示了电路中电流、电压、电阻三者的关系,是电路分析的基本定律之一,实际应用非常广泛。

五、电阻的串、并联计算

(一)串联

在电路中,两个或两个以上的电阻一个串一个连在一起的连接方式称为串联,如图1-2所示。串联电路中的电流处处相同,其总电阻值等于各串联电阻值的和,即:

$$R=R_1+R_2+\cdots+R_n$$

总电压等于各分电压的和,即:

$$U=U_1+U_2+\cdots+U_n$$

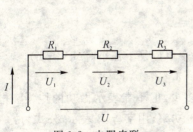

图 1-2 电阻串联

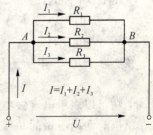

图 1-3 电阻并联

总电流等于各分电流,即:

$$I=I_1=I_2=\cdots=I_n$$

(二)并联

把几个电阻的一端连接在一起,另一端也连在一起的连接方式称为并联,如图1-3所示。电阻并联后的总电阻的倒数等于各

支路电阻的倒数之和,即:

$$\frac{1}{R}=\frac{1}{R_1}+\frac{1}{R_2}+\cdots+\frac{1}{R_n}$$

并联电路中,各个电阻两端的电压都等于电源电压,即:

$$U=U_1=U_2=\cdots=U_n$$

并联电路的总电流等于流过各电阻的电流之和,即:

$$I=I_1+I_2+\cdots+I_n$$

六、电功和电功率

电流通过电器在某段时间内所做的功称为电功。电功的大小与流过电路的电流和加在电器两端的电压有关,即:

$$W=IUt$$

将电阻公式代入式中又可得:

$$W=I^2R\,t=\frac{U^2t}{R}$$

式中　U——加在负载上的电压,V;

　　　I——流过负载的电流,A;

　　　R——电阻,Ω;

　　　t——时间,s;

　　　W——电功,J。

在实际应用中,电功还有一个单位是千瓦小时(kW·h)。

$$1\ kW\cdot h=3.6\times10^6\ J$$

电功可以表示电流做功的多少,但不能表示做功的快慢。电流在单位时间内所做的功称为电功率,用字母 P 表示,公式为:

$$P=\frac{W}{t}$$

式中　W——电功,J;

　　　t——时间,s;

　　　P——电功率,W。

在实际工作中,电功率常用的单位还有千瓦(kW)、毫瓦

（mW）等，其换算关系为：

$$1\ kW=1\times10^3\ W$$

$$1\ W=1\times10^3\ mW$$

根据上述公式可得电功率与电流、电压、电阻的关系：

$$P=IU=I^2R=U^2/R$$

七、电流的热效应

电流通过导体使导体发热的现象称为电流的热效应。导体所产生的热量可按下式计算：

$$Q=I^2Rt \qquad\qquad (1-3)$$

式中　Q——热量，J；

　　　I——电流，A；

　　　R——电阻，Ω；

　　　t——时间，s。

这个公式称为电热定律，它表明电流通过导体时产生的热量 Q 与电流的平方成正比，与导体的电阻 R 和通电时间 t 成正比。

第二节　磁场与电磁感应

一、磁极、磁场和磁力线

能够吸引铁屑或铁块的物体叫做磁铁。磁铁分天然磁铁和人造磁铁两种。天然磁铁是有磁性的矿物，但其磁性较小，目前工业上很少采用；人造磁铁的主要材料是铁、镍、钴等金属。人造磁铁又分为永久磁铁和暂时磁铁两种。永久磁铁是经磁化后能长期保留磁性的磁铁；暂时磁铁只在被磁化时才有磁性，磁化停止后，磁性就会很快消失。

磁铁具有如下的性质：

（1）磁铁的两端对铁屑的吸力最大，这两端称为磁极。

（2）指南的一极叫做南极（S），指北的一极叫做北极（N）。指南针就是小型的永久磁铁。

（3）同极性相斥,异极性相吸。

（4）当用磁铁吸引铁屑时,在它附近的铁屑被吸引,离它远一些的铁屑没有被吸引,说明磁铁的磁力有一定的作用范围。磁力作用的范围称为磁场。为了形象化,我们用磁力线来表示磁场的分布情况。磁力线从磁铁的北极（N）发出,进入磁铁的南极（S）,在磁铁的内部则从南极回到北极,形成一条闭合的线,如图1-4所示。磁力线疏密的程度表示磁场的强弱。在磁铁外部磁极附近的磁力线最密,说明磁极附近磁场最强。磁力线上任一点的切线方向,就是该点的磁场方向。

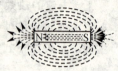

图1-4　磁力线的特性

二、电流的磁效应

通电导体周围存在着磁场,即电流产生磁场,这种现象称为电流的磁效应。

（一）右手螺旋定则

单根导线中通过电流时,产生的磁场方向可以用右手螺旋定则来判断:用右手握导线,大拇指的指向顺着电流的方向,弯曲的四指的指向即为磁力线的方向,如图1-5所示。

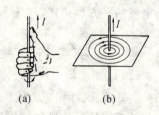

图1-5　通电直导体磁场方向的判断

电流和磁场的方向,常采用截面图表示法,即导线中电流的方向指向读者,用"⊙"表示,离开读者用"⊗"表示,导线周围带箭头的同心圆表示磁力线方向,如图1-6所示。

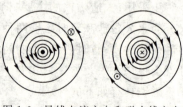

图1-6　导线电流方向和磁力线方向

（二）磁势和磁场强度

要使导体通过电流，必须
有一定的电动势。同样，要使线圈内产生磁力
线，也必须有一定的磁动势，简称磁势，用 F 表
示，单位为安培，用字母 A 表示。永久磁铁和电
磁铁是用通电的线圈来磁化的，如图 1-7 所示。
通电线圈磁势大小由线圈的匝数与电流的乘积
决定，即：

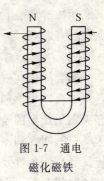

图 1-7　通电
磁化磁铁

$$F = NI$$

式中　N——表示线圈的匝数；

　　　I——表示电流的安培数。

　　磁力线通过的闭合路径叫做磁路。在磁路中，作用于单位长
度的磁势叫做磁场强度，它是表示磁场强弱的一个量，用字母 H
表示。磁场强度与磁势的关系为：

$$H = F / L$$

式中　H——磁场强度，A/m；

　　　F——磁势，A；

　　　L——磁路的长度，m。

　　通过某垂直面积 S 的磁力线数叫做磁通，用希腊字母 Φ 表
示，磁通的单位是韦［伯］，用字母 Wb 表示。

　　通过单位面积（与磁力线的方向垂直）的磁力线根数叫磁通密
度，也叫做磁感应强度，用字母 B 表示，单位是特［斯拉］，用字母
T 表示。

　　磁感应强度与磁场强度的关系可表示为：

$$B = \mu H$$

式中　B——磁感应强度，T；

　　　H——磁场强度，A/m；

　　　μ——磁导率，H/m。

用磁导率 μ 说明物体的导磁性能。钢铁磁性物质的磁导率大,磁力线容易通过,所以常用钢铁作为磁力线的通路。

三、电磁感应

闭合导体在磁场中切割磁力线或导体周围磁场发生变化时,导体中会产生感应电动势,这种现象称为电磁感应现象。由电磁感应现象产生的电动势称为感应电动势。感应电动势的大小取决于单位时间内切割磁力线的数量,切割磁力线数量越多,产生的电势就越高。也就是说,磁场中的导线或线圈多、移动的速度快,产生的电势就高。

目前使用的交、直流发电机和变压器就是根据电磁感应原理制成的。

第三节　交　流　电　路

一、交流电的概念

凡是大小和方向都随时间做周期性变化的电压、电流和电动势统称为交流电。

二、交流电的产生

正弦交流电是由交流发电机产生的,图 1-8(a)所示为最简单的交流发电机结构示意图。在静止的 N 极和 S 极之间放置圆柱形铁芯,铁芯上绕有一匝线圈,铁芯和线圈合称为电枢。线圈的两端分别接到两只相互绝缘的铜制滑环上,铜环固定在转轴上,通过电刷与外电路接通。

当用电动机驱动电枢旋转时,导体将切割磁力线,从而在线圈中产生感应电动势。为了使线圈中的感应电动势能按正弦规律变化,通常把磁极做成特定的形状,如图 1-8(b)所示,使电枢表面的磁感应强度按正弦规律分布,在磁极中心位置,磁感应强度最大,用 B_m 表示,在磁极分界面 OO' 处,磁感应强度为零(磁感应强度为零

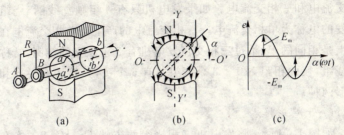

图 1-8　发电机的示意图及正弦交流电动势的波形

的点组成的平面叫中性面),且磁感应强度方向总是与铁芯表面垂直。如果线圈所在位置与中性面成 α 角,则电枢表面的磁感应强度为:

$$B = B_m \sin \alpha$$

当电枢在磁场中从中性面开始以速度 v 逆时针匀速旋转时,线圈中感应电动势的大小为:

$$e = 2B_m l v \sin \alpha$$

式中,l 为切割磁力线的导线长度。

当 $\alpha = 90°$ 时,感应电动势最大,为:

$$e = 2B_m l v$$

则线圈电动势的大小可表示为:

$$e = E_m \sin \alpha$$

如果使线圈从中性面开始,以角速度 ωt 匀速旋转,则上式也可写成:

$$e = E_m \sin \omega t$$

由上式可知,线圈中的感应电动势是按正弦规律变化的,如图 1-8(c)所示。因为线圈与外电路的负载接通,形成闭合回路,所以外电路中也就产生了如图 1-8(c)所示的正弦电流,用公式表示为:

$$i = I_m \sin \omega t$$

三、单相交流电和三相交流电

在交流发电机里,由于发电机线圈的组数不同,交流电又分单相交流电和三相交流电。如果发电机只有一组独立线圈(绕组),所发的电称为单相交流电。三相交流电的产生与单相交流电在原理上是相同的,只不过三相交流发电机有 3 个独立的线圈,常称三相绕组,彼此相距 120°。3 个绕组共有 6 个头,其接法有星形和三角形两种。

(一)星形接法

如图 1-9 所示,将发电机三相绕组的末端 U_2、V_2、W_2 连在一起,始端 U_1、V_1、W_1 分别引出三根线,这种连接方式称为星形连接,用 Y 表示。从始端 U_1、V_1、W_1 引出的三根线称为相线或端线,俗称火线;末端接成的一点称为中性点,简称中点,用 N 表示;从中性点引出的线称为中性线,简称中线。有中线的三相制,叫做三相四线制。低压供电系统的中性点是直接接地的,把接地的中性点称为零点,把接地的中性线称为零线。

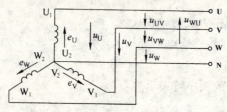

图 1-9 三相四线制

工程上 U、V、W 三相线分别用黄、绿、红颜色来区别,零线或中线用黄绿相间的色线表示。

三相四线制可输送两种电压,一种是端线与中线之间的电压,各相绕组两端的电压叫相电压;另一种是端线与端线之间的电压,叫线电压。

三相电源做星形连接时,线电压是相电压的 $\sqrt{3}$ 倍,如图 1-9 所示。

（二）三相电源的三角形连接

三相电源做三角形连接时，相电压和线电压相同，如图 1-10 所示。

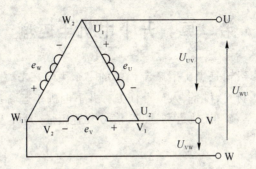

图 1-10　三相电源的三角形连接

复习思考题

1. 什么是电流、电压、电动势？

2. 什么是电阻？电阻的串并联各有什么特点？

3. 欧姆定律的内容是什么？

4. 什么是电功和电功率？

5. 什么是电流的磁效应、电磁感应？

6. 电流分为哪两种？什么是交流电？

7. 三相交流发电机的绕组有哪两种接法？什么是相电压和线电压？

第二章　井下电机车运输

电机车运输是煤矿生产流程中的一个主要环节,担负着运输煤炭、矿石、材料、设备、人员等任务。井下电机车运输系统由供电装置、电机车、矿车、轨道和通信、信号装置组成,是井下平巷运输的主要方式。

第一节　电　机　车

本书所讲的电机车是指轨距小于 1 435 mm 的电机车,常称窄轨电机车(以下简称电机车)。电机车按轨距可分为 600 mm、762 mm 和 900 mm 三种;按电机车的黏着质量可分为 2.5 t、5 t、7 t、8 t、10 t、12 t、14 t 和 20 t 等;按电压等级可分为 48 V、90 V、110 V、132 V、140 V、250 V 和 550 V 等;按供电方式可分为架线式和蓄电池式两种。蓄电池式电机车按安全性能可分为增安型、隔爆型和防爆特殊型三种。这三种的区别在于:前两种蓄电池为增安型,最后一种蓄电池采用了特殊防爆措施。

一、电机车的型号

电机车的型号是由汉语拼音字母和阿拉伯数字组成的一组代号,表示了电机车的主要技术特征。因标注方式不统一,现就常用的电机车型号的表示方法介绍如下。

例如,ZK10-6/250 型的含义是:黏着质量为 10 t,轨距为 600 mm,额定电压为 250 V 的直流架线式矿用电机车。

XK5-9/90KBT 型的含义是:黏着质量为 5 t,轨距为900 mm,

额定电压为 90 V 的防爆特殊型蓄电池式矿用电机车。

通用形式如下：

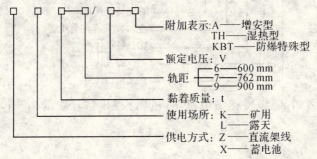

附加表示:A——增安型
TH——湿热型
KBT——防爆特殊型
额定电压: V
轨距 ┌─ 6——600 mm
　　 ├─ 7——762 mm
　　 └─ 9——900 mm
黏着质量: t
使用场所:K——矿用
　　　　 L——露天
供电方式:Z——直流架线
　　　　 X——蓄电池

根据煤炭行业标准 MT 333—2008 规定,机车型号主要由产品类型代号、第一特征代号、第二特征代号、主参数、补充特征代号和修改代号组成,其排列见表 2-1,表示方法为:

表 2-1　　　　　　　　　机车型号排列表

产品类型代号	第一特征代号		代号	第二特征代号			主参数	补充特征代号
	能源与防爆类型			司机室方位代号				齿轨
				电阻	斩波	变频调速		
煤矿用机车 C	蓄电池	增安型	A	D	Z	P	黏着质量(t)	G
		防爆特殊型	T					
		隔爆型	B					
	架线	矿用一般型	J					
	柴油机	防爆型	C					
	复式能源	架线(矿用一般型)与蓄电池(防爆特殊型)	F					

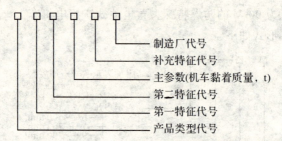

例如,防爆特殊型电机车,电阻控制,黏着质量 2.5 t,其型号为:

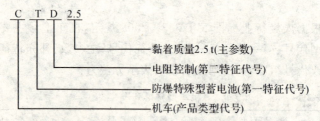

旧标准中编制的机车型号主参数中除了黏着质量外还有轨距,第二特征代号为司机室方位代号,其中 Y 表示一端;L 表示两端;A 表示中端。补充特征代号中 G 表示钢轮;J 表示胶套轮等。其排列方式如下:

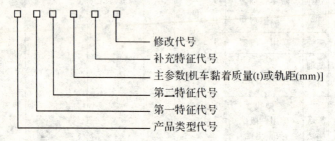

例如,防爆特殊型电机车,两端司机室,黏着质量为 8 t,轨距为 900 mm,其型号为:

二、电机车的适用范围

因煤矿井下有瓦斯和煤尘等易燃易爆气体和粉尘,为防止电机车引起瓦斯与煤尘燃烧、爆炸,《煤矿安全规程》第三百四十七条对电机车的使用有明确规定:

(1)低瓦斯矿井进风(全风压通风)的主要运输巷道内,可使用架线电机车,但巷道必须使用不燃性材料支护。

(2)高瓦斯矿井进风(全风压通风)的主要运输巷道内,应使用矿用防爆特殊型蓄电池电机车或矿用防爆柴油机车。如果使用架线电机车,必须遵守下列规定:

① 沿煤层或穿过煤层的巷道必须砌碹或锚喷支护。

② 有瓦斯涌出的掘进巷道的回风流,不得进入有架线的巷道中。

③ 采用碳素滑板或其他能减小火花的集电器。

④ 架线电机车必须装设便携式甲烷检测报警仪。

(3)掘进的岩石巷道中,可使用矿用防爆特殊型蓄电池电机车或矿用防爆柴油机车。

(4)瓦斯矿井的主要回风巷和采区进、回风巷内,应使用矿用防爆特殊型蓄电池电机车或矿用防爆柴油机车。

(5)煤(岩)与瓦斯突出矿井和瓦斯喷出区域中,如果在全风压通风的主要风巷内使用机车运输,必须使用矿用防爆特殊型蓄电池电机车或矿用防爆柴油机车。

三、电机车完好标准

（1）铆钉、螺栓、垫圈和开口销：齐全、完整、紧固。

（2）车架与碰头：车架与碰头无裂纹，弹簧不断裂，伸缩长度不小于 30 mm。均衡梁、弹簧吊架、板弹簧无变形、磨损和裂纹。

（3）轮对：轮踏面磨损不超过原厚度的 1/2，踏面凹槽深度不超过 5 mm；轮缘厚度磨损量不超过 8 mm；轮缘高度不超过 30 mm。同一轮对直径差不大于 2 mm；前后轮对直径差不大于 4 mm。

（4）制动装置：闸瓦磨损厚度不小于 10 mm，同一制动梁两闸瓦厚度差不大于 10 mm。闸瓦与轮踏面的间隙为 3～5 mm，接触面积大于 60%。调整间隙的反正丝必须灵活可靠。制动手轮灵活可靠，螺栓与螺母的螺纹无严重磨损。机械和电力制动装置齐全可靠。

（5）齿轮与护罩：齿轮运转无异响，润滑良好；磨损不超过原齿厚的 25%。齿轮罩固定牢靠，无破损，不碰齿轮。

（6）轴承与润滑：滚动轴承无异响，温度不超过 75 ℃；滑动轴承不超过 65 ℃。轴瓦不破裂，润滑良好，不甩油。轴承箱与导向板间隙，沿行车方向不大于 5 mm，沿车轴方向不大于 7 mm。

（7）撒砂装置：灵活有效，砂嘴对准轨道中心线。

（8）电动机：符合电动机完好标准；托簧无断裂并调匀；接地良好。

（9）控制器：换向和操作把手灵活准确，闭锁装置可靠；消弧罩完整不松脱；触头接触不小于宽度的 60%；接线紧固，无严重烧伤。

（10）电阻器：接线紧固，无断裂，无短路。

（11）集电器：弹力合适，起落灵活，接触铝滚（或滑板）无严重凸凹不平，自动开关动作可靠。

（12）蓄电池：电解液的密度与液面高度应符合表 2-2 的规定。

表 2-2　　　　　　　　蓄电池有关规定

电瓶	密度/(g·cm⁻³)	液面高出极板高度/mm
酸性	1.23～1.30	10～15
碱性	1.17～1.21	5～10

（13）保持清洁，有充、放电记录。

（14）照明与警铃：照明灯齐全明亮，照明有效光距离不小于 40 m，防护装置齐全，与控制器有闭锁装置。警铃（笛）完整，声音清晰洪亮，音响距离大于 40 m。

（15）整洁：设备保持整洁，无积尘。

（16）资料：有检查、检修记录。

第二节　矿　　车

一、矿车的分类

我国煤矿使用的矿车类型很多，一般可按其用途和装载量的大小分类。

（一）按用途分类

（1）运货矿车：

① 运送矿料（如煤炭、矸石等）有固定车厢式、翻转车厢式、底卸式及侧卸式矿车等。

② 运送器材设备有材料车、平板车等。

（2）乘人的矿车有平巷及斜井用人车。

（3）专用矿车有炸药车、水车及其他专用车。

（二）按装载量分类

（1）装载量小于 1 t 的为小型矿车。

(2) 装载量 1～3 t 的为中型矿车。

二、矿车的构造

矿车主要由车厢、车架、轮轴、缓冲器和连接器组成。

（一）车厢

车厢是直接容纳矿料的部分，由两侧、两端和底部钢板组成。煤矿用量最大的固定式车厢多做成 U 形。

（二）车架

车架是由两个特殊槽钢做成的纵梁，在它的上方安装车厢，下方安放轮轴，两端安装缓冲器和连接器。

（三）轮轴

轮轴是矿车的行走部件，由两个车轮和一根车轴组成，在车轮和车轴中间安装了滚动轴承。为防止水和灰尘等杂物进入，还加装了密封装置，使车轮转动灵活。

（四）缓冲器

缓冲器在车架的两端，当矿车发生碰撞时，它可承受和吸收冲击载荷，避免直接冲击在车厢和车架上，可以保护车厢、车架和轮轴等部件，保证矿车正常运行和延长使用寿命。

（五）连接器

连接器是使单个矿车组成列车的连接部件，分自动式（自动挂钩）和非自动式两种。非自动式连接器构造简单，制造容易，成本低，质量轻，便于维修，在煤矿中已广泛使用。非自动式连接器由插销和连接链共同组成，连接链以单环、三环和万能式居多。

三、矿车的型号

（一）货车的型号含义

货车的型号含义如下：

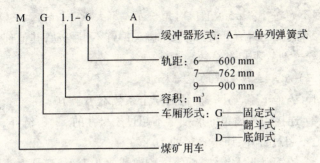

（二）平巷人车的型号含义

平巷人车的型号含义如下：

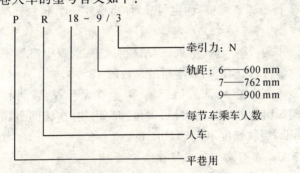

四、矿用车辆的完好标准

（一）矿车轮对的完好标准

（1）矿车运行平稳，在水平轨道上 4 个车轮有 1 个不与轨面接触时，其间隙不大于 3 mm。

（2）车轮不得有裂纹，轮缘磨损余厚不小于 13 mm。踏面磨损余厚：1 t 及以下矿车不小于 6 mm；2 t 矿车不小于 7 mm；3 t 矿车不小于 8 mm。

（3）车轮定期注油，转动灵活。车轮端面摆动量：滚动轴承不超过 2 mm，圆锥滚柱轴承不超过 3 mm。

（二）矿车车厢及底梁的完好标准

（1）车厢无破洞和严重变形，各部凹凸深度不大于 50 mm，裂纹长度不超过 100 mm,上口对角长度差不大于 50 mm。

(2) 底梁不得有开焊和裂纹,碰头铆钉不得松动,其他部位铆钉、螺栓松动数不超过总数的 10%。

(三) 矿车连接装置的完好标准

(1) 矿车车梁、碰头、插销的安全系数不小于 10。

(2) 连接钩环插销的磨损量不超过原尺寸的 15%;链环、插销弯曲值不超过链环、插销直径的 10%。

(3) 铸钢碰头无裂纹,弹簧无裂纹或永久变形,弹性碰头的伸缩长度为 10~30 mm。

(4) 橡胶碰头完整,固定可靠,伸出槽外长度不小于 30 mm。

(四) 人车车体的完好标准

(1) 扶手、靠背板、坐板、脚踏板、保护链、瞭望窗等零部件完整紧固,铆钉、螺栓松动数不超过总数的 10%。

(2) 车棚、底架、前后挡板、骨架角铁无开焊、破洞和明显变形;车棚四周及进出口无尖棱、尖角和突出物;车棚凹凸深度不大于 30 mm,裂纹长度不大于 50 mm。

(五) 人车行走部的完好标准

(1) 人车行走平稳,同一轮对 2 轮踏面直径差不大于 2 mm;同一人车的 4 个车轮在平道上有一个车轮不接触轨面时,其间隙不大于 2 mm。

(2) 车轮不得有裂纹,轮缘磨损余厚不小于 13 mm,踏面磨损余厚不小于 7 mm,车轮定期注油,车轮转动灵活。

(3) 转向架可在线路水平方向和垂直方向灵活转动。

(六) 人车信号装置的完好标准

(1) 斜井人车上应装有与绞车房及各停车场相互联系的信号装置。平巷人车上应装有与司机相互联系的信号装置。

(2) 在人车信号装置的供电线路上,不应接其他负荷。

第三节 矿 井 轨 道

矿井轨道是现代化煤矿轨道运输系统中的主要设施。近年来，虽然有些矿井使用了带式输送机运输煤炭，但矸石、材料、设备、人员等仍需要轨道运输来解决。轨道运输机动灵活、适应性强，是煤矿生产中必不可少的运输方式之一，对加快矿井建设速度和提高矿井生产能力起着重要的作用。

对轨道的基本要求是：铺轨质量好，轨道维修好，保证线路畅通，车辆安全运行。

一、矿井轨道的分类

轨道的作用是把车轮的集中载荷传播、分散到地面和井下巷道的底板上，使列车沿轨道平稳、高速运行。在采用架线电机车运输时，轨道还是电流的回电导体。

（一）矿井轨道的分类

（1）按轨距分有 600 mm、762 mm 和 900 mm 三种。

（2）按使用地点可分为主要运输线路和一般运输线路两种。

① 主要运输线路是指井下主要斜井绞车道、井底车场、主要运输大巷和运输石门的轨道；地面运煤、运矸干线和集中装车站车场的轨道。

② 一般运输线路是指除主要运输线路以外的轨道，但不包括采煤、掘进工作面平巷轨道。

（3）按运输量分为一级线路、二级线路和三级线路三种。

① 一级线路是指单线重车方向年运量 100×10^5 t 以上、762 mm 和 900 mm 轨距的轨道。

② 二级线路是指单线重车方向年运量 $50 \times 10^5 \sim 100 \times 10^5$ t、762 mm 和 900 mm 轨距的轨道以及单线重车方向年运量 30×10^5 t 以上、600 mm 轨距的轨道。

③ 三级线路是指单线重车方向年运量 50×10^5 t 以下、762 mm 和 900 mm 轨距的轨道以及单线重车方向年运量 30×10^5 t 以下、600 mm 轨距的轨道。

（二）矿井轨道的构造

矿井轨道由轨道的下部建筑和上部建筑两部分组成。

1. 轨道的下部建筑

主要由路基及附属设施、桥隧建筑及井下的巷道底板组成。

2. 轨道的上部建筑

主要由道床、轨枕、钢轨、连接件、道岔和安全设备组成。

二、钢轨

钢轨是轨道线路主要组成部分之一，其作用是支撑并引导列车按一定方向运行，承受来自车轮的压力、冲击力和纵向惯性力、横向离心力等，并将承受的力传导给轨枕、道床和路基，为车轮的滚动提供阻力最小的表面。

钢轨类型是以每米长的质量来表示的。例如，1 m 长钢轨的质量为 18 kg，则轨型为 18 kg/m。井下常用有 15 kg/m、18 kg/m、22 kg/m、24 kg/m、30 kg/m、33 kg/m 和 38 kg/m 钢轨。

三、《煤矿安全规程》对轨道运输中安全距离的规定

（1）运输巷道两侧（包括管、线、电缆）与运输设备最突出部分之间的距离，应符合下列要求：

① 新建矿井、生产矿井新掘运输巷的一侧，从巷道道砟面起 1.6 m 的高度内，必须留有宽 0.8 m（综合机械化采煤矿井为 1 m）以上的人行道，管道吊挂高度不得低于 1.8 m；巷道另一侧的宽度不得小于 0.3 m（综合机械化采煤矿井为 0.5 m）。

在生产矿井已有巷道中，人行道的宽度不符合要求时，必须在避硐躲避，其宽度不得小于 1.2 m，深度不得小于 0.7 m，高度不得小于 1.8 m，硐内严禁堆积物料。

② 在人车停车地点的巷道一侧，从巷道道砟面起 1.6 m 的高

度内,必须留有宽 1 m 以上的人行道,管道应挂在 1.8 m 以上的巷道上部。

(2) 在双轨运输巷道中(包括弯道),两条铁路中心线之间的距离,必须使两列对开列车最突出部分之间的距离不得小于 0.2 m。在采区装载点,两列列车车体最突出部分之间的距离,不得小于 0.7 m;在矿车摘挂钩地点,两列列车车体的最突出部分之间的距离,不得小于 1 m,车辆最突出部分与巷道两侧距离,必须符合(1)中的要求。

第四节　电机车运输信号与通信

信号与通信装置是电机车运输系统的重要组成部分。信号与通信装置齐全可靠,是列车安全运行的必备条件。司机必须要熟悉所行驶线路的所有信号与通信装置的作用,掌握信号与通信装置的使用方法和要求,严格按调度命令和信号指令行车,才能保证电机车有序、高效、安全地运行。

一、电机车运输信号

(一) 电机车运输信号的种类

电机车运输信号分为固定信号和移动信号两类。固定信号用灯光显示,灯光有红、黄、绿(蓝)三种。地面信号机固定在杆子上,井下信号机固定在巷道内。

移动信号用旗语、鸣笛、响铃、口哨向司旗、挂钩工或行人显示。地面运输,昼间用旗语,旗语可分为红、黄、蓝三种颜色,其显示方法与标准机车基本相同;夜间用灯光显示,灯光有红、黄、绿三种颜色。

(二) 电机车运输信号的规定

1. 灯光信号

(1) 专用色灯信号:红色——停车;黄色——注意或减低速

度;绿(蓝)色——按规定速度行车。

(2)机车和列车尾部红灯是防止追尾信号。司机发现时要根据距离的大小采取减速行驶或紧急制动的方法,防止事故发生。

(3)矿灯代用的临时信号:左右摆动为开车;上下摆动为停车;急速的上下摆动为紧急停车。

2.声响信号

(1)司机开车前必须先鸣笛或响铃。

(2)两列列车交会时,发现行车前方有行人或车辆时,司机应鸣笛或响铃。

(3)使用电铃或口哨时:一长声为停车;二短声为向前慢行;三短声为向后慢行;二长声为向前行;三长声为向后行。

需要说明的是,各矿对灯光和音响信号的使用方法的规定并不一定完全相同,所以在执行中仍要结合本单位的具体规定进行操作。

(三)《煤矿安全规程》对电机车运输信号的规定及要求

(1)司机必须按信号指令行车,在开车前必须发出开车信号。司机离开座位时不得关闭车灯。

(2)机车的灯、警铃(喇叭)、车闸,任何一项不正常,都不得使用该机车。

(3)列车和机车都必须前有照明灯,后有红灯。

(4)列车通过的风门,必须设有当列车通过时能够发生,在风门两侧都能接收到的声光信号的装置。

(5)必须有用矿灯发送紧急停车信号的规定。

(6)双轨道乘车场必须设区间闭锁信号,人员上下车时,严禁其他车辆进入乘车场。

(7)在弯道或司机视线受阻区段,应设置列车占线闭塞信号;在新建或改扩建的大型矿井井底车场和运输大巷,应设置信号集中闭塞系统。

二、电机车运输通信

电机车运输通信要设独立系统,即以运输调度站为主体的通信网,便于调度员和运输各岗位工作人员特别是电机车司机联系的通信方式有以下三种。

(一)隔爆或本质安全型电话机

电话机安装在调度站、井底车场、大巷出口、道岔处、石门口装车站、调车场、卸煤站、牵引变流所、充电室等地。司机在列车行驶中,通过搬道岔工、装卸工、卸煤工等传达接通电话,听从调度指挥,指导电机车运输工作。

(二)载波电话机

载波电话是用架空线作载波通道的通信设备,在调度站安装总机,分机安装在电机车上。司机可在驾驶室内,在运输线路的任何地点,无论列车行驶或停止,都可直接与调度员、其他司机和安装此类电话工作岗位的人员通话。载波电话功率较大,通话距离长,话音洪亮清晰,同时也提高了架空线的利用率。

(三)泄漏通信系统

目前,国内外蓄电池电机车运输大多采用泄漏通信系统。在调度站安装主机,机车上安装分机,在巷道中铺设专用泄漏电缆作为通信信道。我国已有部分矿井使用了 KLG 型井下泄漏移动通信系统。

应当指出,通信设施的作用主要是调度员与电机车司机互通信息,作为指挥电机车安全运行的辅助手段。电机车必须严格按运输信号的指令运行,才能防止事故的发生。

第五节　井下用电安全

电在煤矿井下工作中运用非常普遍,给工作带来了很大的便利;但同时,电还有不安全的一面,用电时稍有不慎就可能发生触电事故。因此,煤矿工人应了解井下用电的相关规定,坚持安全用电。

一、《煤矿安全规程》对井下安全用电的有关规定

(1)煤矿地面、井下各种电气设备、电力和通信系统的设计、安装、验收、运行、检修、试验以及安全等工作,可参照有关部门的规程执行;遇有与本规程相抵触的,应按本规程执行。

(2)井下不得带电检修、搬迁电气设备、电缆和电线;检修或搬迁前,必须切断电源,检查瓦斯,在其巷道风流中瓦斯浓度低于1.0%时,再用与电源电压相适应的验电笔检验;检验无电后,方可进行导体对地放电。控制设备内部安有放电装置的,不受此限制。所有开关的闭锁装置必须能可靠地防止擅自送电,防止擅自开盖操作,开关把手在切断电源时必须闭锁,并悬挂"有人工作,不准送电"字样的警示牌,只有执行这项工作的人员才有权取下此牌送电。

(3)操作井下电气设备应遵守下列规定:

① 非专职人员或非值班电气人员不得擅自操作电气设备。

② 操作高压电气设备主回路时,操作人员必须戴绝缘手套,并穿电工绝缘靴或站在绝缘台上。

③ 手持式电气设备的操作手柄和工作中必须接触的部分必须有良好绝缘。

(4)容易碰到的、裸露的带电体及机械外露的转动和传动部分必须加装护罩或遮栏等防护设施。

(5)防爆电气设备入井前,应检查其"产品合格证"、"煤矿矿用产品安全标志"及安全性能;检查合格并签发合格证后,方准入井。

(6)矿井高压电网,必须采取措施限制单相接地电容电流使其不超过20 A。每天必须对低压检漏装置的运行情况进行1次跳闸试验。

（7）直接向井下供电的高压馈电线上，严禁装设自动重合闸。手动合闸时，必须事先同井下联系。井下低压馈电线上有可靠的漏电、短路检测闭锁装置时，可采用瞬间 1 次自动复电系统。

（8）带油的电气设备必须设在机电设备硐室内。严禁设集油坑。

硐室不应有滴水。硐室的过道应保持畅通，严禁存放无关的设备和物件。带油的电气设备溢油或漏油时，必须立即处理。

二、煤矿安全用电"十不准"

（1）不准甩掉无压释放和过电流保护装置。

（2）不准甩掉漏电继电器。

（3）不准甩掉煤电钻综合保护装置。

（4）不准甩掉局部通风机风、电、瓦斯闭锁装置。

（5）不准明火操作、明火打点、明火爆破。

（6）不准用铜、铝、铁丝等代替保险丝。

（7）停风、停电的工作面，没有检查瓦斯不准送电。

（8）失爆的电气设备不准使用。

（9）不准在井下敲打、撞击、拆卸矿灯。

（10）不准带电检修和搬迁电气设备。

三、触电事故及其预防

（一）触电的危险性

人体触及带电体以及因绝缘损坏而带电的设备外壳或接近高压带电体时，都可能造成触电事故。由于井下的特殊工作条件，再加上管理不善、维修不及时甚至违章作业，发生触电的可能性较大。

触电对人体的伤害大致可分为电击和电伤两种情况。电击是指人触电后电流通过人体，在热化学和电能作用下使呼吸器官、心脏和神经系统受到损伤和破坏，多数情况下电击可以使人致死。电伤是指由于强电流瞬时通过人身某一局部或电弧烧伤人体，造成人体外表器官的破坏,当烧伤面积不大时,不至于有生命危险。

（二）造成人身触电事故的原因

造成人身触电事故的原因是多方面的,主要原因有：

（1）电工作业违反操作规程规定,带电工作造成触电事故。

（2）不执行停、送电制度。例如：把总开关断开后,不派专人专管、没有上锁、没有挂停电标志牌,没有严格执行谁停电仍由谁送电的制度,没有确切联系好就急于送电或误送电等,造成触电事故；或用电话或委托无关人代停、送电造成触电事故。

（3）不按照操作规程操作电气设备,忘停电、停错电、没有验电、停电后没有放电、没有保安措施等原因造成触电事故。

（4）未经有关部门批准或未与使用同一条线路的友邻用电单位联系好,或对可能发生窜电的线路没有采取绝对防止措施,导致停、送电紊乱而造成严重触电事故。

（5）电工技术水平达不到就擅自摆弄电气设备,或接线、检修不当而造成触电事故。

（6）人身触及已经破皮漏电的导线,或触及因漏电而造成带电的金属外壳、构架,发生触电伤害事故。

（7）人员上下矿车或携带较长的钢钎或其他导电物体在巷道里行走,不慎触及较低的架线电机车的架空线,发生触电伤亡事故。

（8）人员触及已经停电但没有放电的高压电气设备或电缆而发生触电事故。

（9）由于漏电保护装置失灵或整定、检修不符合要求,当人体触电时不动作或不立即动作,造成触电伤亡事故。

（三）预防人身触电的措施

（1）严格遵守电气作业安全的有关规章制度,提高作业人员的操作水平。

（2）不得带电检修、搬迁电气设备、电缆和电线。

（3）使人体不能触及或接近带电体。首先,将人体可能触及的电气设备的带电部分全部封闭在外壳内,并设置闭锁机构,只有停电后外壳才能打开,外壳不闭合送不上电。对于那些无法用外壳封闭的电气设备的带电部分,采用栅栏门隔离,并设置闭锁机构。将电机车架空线这种无法隔离的裸露带电导体安装在一定高度,防止人无意触及。

（4）设置保护接地。当设备的绝缘损坏造成电压窜到其金属外壳时,把外壳上的电压限制在安全范围内,防止人身触及带电设备外壳而造成触电事故。

（5）在供电系统中,装设漏电保护装置,防止供电系统漏电造成人身触电或引起瓦斯及煤尘爆炸事故。

（6）采用较低的电压等级。对那些人身经常触及的电气设备（如照明、信号、监控、通信和手持式电气设备）,除加强手柄的绝缘外,还必须采用较低的电压等级。

（7）维修电气装置时要使用绝缘工具,如绝缘夹钳、绝缘手套等。

四、短路、过负荷的危害及预防措施

（一）短路及其危害

短路是一种故障状态。它是指电流不流经负载,而是经过导线直接短接而形成回路。

短路故障对安全供用电和正常生产的危害极大,主要表现在:

（1）由于短路电流很大,可能产生很大的机械应力使电气绝缘受到破坏或使电气设备烧毁。

（2）短路电流若不及时切除,可使电缆着火,甚至引起井下电火灾。

（3）短路电流所产生的电弧或能量,不仅可能烧伤人员,而且还可能引起燃烧或引爆瓦斯、煤尘,从而造成严重后果。

（4）短路属于最严重的过电流故障,它的存在将使供电电压下降,还会影响电网其他部分用电设备的正常工作。

（二）过负荷及其危害

过负荷又称为过载。它是指流过电气设备和电缆的实际电流不仅超过了其额定电流,而且又超过了允许过负荷的时间。

过负荷同样属于电网过电流故障中较见的故障之一。过负荷在电动机、变压器和电缆线路中较为常见,是井下烧毁中小型电动机的主要原因之一。在煤矿井下,电机车运输工作十分繁重。电气设备和电缆的容量选择过小或电动机机械性堵转、超载运行以及频繁启动和网路电压降过大等,都容易造成牵引电动机的过负荷故障。

过负荷电流的大小和持续时间的长短,决定着对供电网路中电气设备的危害程度。其危害主要表现在:

（1）当电动机发生过负荷后,其绕组电流密度大大增加,发热急剧增高,一旦温度超过所用绝缘材料的最高允许温度,损坏绝缘,在一定的时间内就会导致绕组烧毁而损坏电动机。由于电动机绝缘烧毁,还会造成单相漏电、两相或三相短路。

（2）电气设备或电缆线路中,由于某种原因发生过负荷,就会造成急剧发热,当温度超过了所用绝缘材料的最高允许温度,在一定的时间内就会导致绝缘损坏,造成漏电或短路,甚至可能引起电缆着火或电火灾。

（3）无论是电动机过负荷还是电气设备或电缆线路等出现过负荷,如不及时切断电源,将会发展成漏电和短路事故,甚至可能引燃或引爆瓦斯、煤尘,造成严重后果。

（三）预防措施

为了迅速排除短路、过负荷故障,必须设置过电流保护装置,以确保煤矿井下供用电安全。其综合预防措施主要有:

（1）正确选择和校验电气设备。电气设备或电缆的选择使用,必须符合《煤矿安全规程》的要求。电气设备额定电压必须与所在电网的额定电压相适应；所选电气设备的额定电流应大于或等于它的长时最大实际工作电流；电缆截面的选用应满足供电线路负荷的要求；高低压开关设备分断短路电流的能力要大于所保护供电系统可能产生的最大短路电流；必须用最小两相短路电流校验电气设备保护装置的可靠动作系数，以保证配电网路中最大容量的电气设备或同时工作成组的电气设备能够启动。

（2）正确整定过电流、短路保护装置。整定的原则是，通过正常工作电流或电动机的启动电流时，保护装置不应动作，通过最小的两相短路电流时，保护装置应可靠动作。若保护装置动作整定不合适，不仅不能起到保护目的，而且还可能引起严重的后果。所以《煤矿安全规程》规定，井下配电网路（变压器馈出线路、电动机等），均应装设过流、短路保护装置。这样当井下低压网路中发生短路或过负荷故障时，过电流保护装置就会动作，迅速而可靠地切断故障电源，避免造成各种严重的后果。

第六节　矿井防爆电气设备安全

一、井下作业环境对电气设备的特殊要求

（1）煤矿井下空气中，在瓦斯及煤尘含量达到一定浓度的条件下，如果产生的电火花、电弧和局部热效应达到点燃能量，就会燃烧或爆炸。因此，要求煤矿井下电气设备具有防爆性能。

（2）电气设备对地漏电有可能引起瓦斯、煤尘爆炸，引爆电雷管，造成人身触电等危险。因此，要求电气系统有漏电保护装置。

（3）井下硐室、巷道、采掘工作面等安装电气设备的地方，空间都比较狭窄，且人体接触电气设备、电缆的机会较多，容易发生触电事故。因此，要求井下电气设备外壳必须接入接地系统。

（4）由于井下常会发生冒顶和片帮事故，电气设备（特别是电缆）很容易受到砸、碰、挤、压等损坏。因此，电气设备外壳要坚固。

（5）井下空气比较潮湿，湿度一般在90％以上，且经常有滴水和淋水，电气设备很容易受潮。因此，要求电气设备有良好的防潮、防水性能。

（6）井下电气设备的散热条件较差，故要求井下电气设备有足够的额定容量。

（7）采掘工作面的电气设备移动频繁，因此，要尽量减轻质量，并便于安装、拆迁。

（8）井下采掘运输设备的负荷变化较大，有时会产生短时过载，要求电气设备要有足够的容量和过载能力，并配置过载保护装置。

（9）井下发生全部停电事故且超过一定的时间后，可能发生淹井、瓦斯积聚等重大故障，再次送电还有造成瓦斯、煤尘爆炸的危险。因此，矿井供电绝不能中断。

从电气设备的工作环境来看，井下发生电气事故的危险性确实存在，但是，只要在电器设计制造与系统设计中均能做到充分考虑，安全是有保障的。人们对各种事故进行了分析，证实煤矿井下发生的电气事故多数是人为造成的。所以，只要严格执行《煤矿安全规程》的规定，正确选择、使用电气设备，完善保护装置，加强对各岗位职工的安全技术培训，完全可以避免电气事故的发生。

二、矿用防爆电气设备的分类及要求

（一）矿用防爆电气设备的分类及基本要求

矿用防爆电气设备是按照 GB 3836—2010 生产的专供煤矿井下使用的防爆电气设备，该标准规定防爆电气设备分为三类：Ⅰ类用于煤矿瓦斯气体环境。Ⅱ类用于除煤矿瓦斯气体之外的其他爆炸性气体环境。Ⅲ类用于除煤矿以外的爆炸性粉尘环境。

矿用防爆电气设备，除了要符合 GB 3836—2010 的规定外，还必须符合专用标准和其他有关标准的规定。根据不同的防爆要求可分为 10 种类型，其标志和基本要求见表 2-3。

表 2-3　　矿用防爆电气设备的分类、标志和基本要求

序号	防爆类型	标志	基本要求
1	隔爆型	d	具有隔爆外壳的电气设备,其外壳既能承受内部爆炸性气体混合物引爆产生的爆炸压力,又能防止爆炸产物穿出隔爆间隙点燃外壳周围的爆炸性气体混合物
2	增安型	e	在正常运行条件下不会产生电弧、火花或可能点燃爆炸性混合物的高温,在设备结构上,采取措施提高安全程度,以避免在正常和认可的过载条件下出现上述现象的电气设备
3	本质安全型	i	在规定的试验条件下,在正常工作或规定的故障状态下产生的电火花和热效应均不能点燃规定的爆炸性混合物的电路,称为本质安全型电路。全部电路为本质安全型电路的电气设备即为本质安全型电气设备
4	正压型	p	具有正压外壳,即外壳内充有保护性气体,并保持其压力高于周围爆炸性环境的压力,以阻止外部爆炸性混合物进入的防爆电气设备
5	充油型	o	全部或部分部件浸在油内,使设备不能点燃油面以上的或外壳以外的爆炸性混合物的电气设备
6	充砂型	q	外壳内部充填砂粒材料,使之在规定的条件下,壳内产生的电弧、传播的火焰、外壳壁或砂粒材料表面的过高温度,均不能点燃周围爆炸性混合物的电气设备
7	浇封型	m	将电气设备或其部件浇封在浇封剂中,使其在正常运行和认可的过载或认可的故障下不能点燃周围的爆炸性混合物的防爆电气设备
8	无火花型	n	在正常运行条件下,不会点燃周围爆炸性混合物,且一般不会发生有点燃作用的故障的电气设备

序号	防爆类型	标志	基本要求
9	气密型	h	具有气密外壳的电气设备
10	特殊型	s	异于现有防爆形式,由主管部门制定暂行规定,经国家认可的检验机构检验证明,具有防爆性能的电气设备,该类型防爆电气设备须报国家质检总局备案

（二）矿用防爆电气设备的通用要求

（1）电气设备的允许最高温度：表面可能堆积粉尘时为＋150 ℃；采取防尘堆积措施时为＋450 ℃。

（2）电气设备与电缆的连接应采用防爆电缆接线盒。电缆的引入、引出必须采用密封式电缆引入装置,并应具有防松动、防拔脱措施。

（3）对不同额定电压和绝缘材料,电气间隙和爬电距离都有相应的较高要求。

（4）具有电气和机械闭锁装置,有可靠的接地及防止螺钉松动装置。

（5）在设备外壳的明显处,均须设清晰永久性凸纹标志"Ex",并应有铭牌。

（6）防爆电气设备必须经国家指定的防爆试验鉴定单位进行严格的试验鉴定,取得防爆合格证后,方可生产。

三、电气设备失爆事故的原因、危害及预防

（一）常见的失爆现象

电气设备的隔爆外壳失去了耐爆性或不传爆性,称为失爆。井下隔爆型电气设备常见的失爆现象有以下几种：

（1）隔爆外壳严重变形或出现裂纹,焊缝开焊,连接螺栓不齐全,螺纹扣损坏或拧入深度小于规定值,隔爆壳内外有锈皮脱落,致使其机械强度达不到耐爆性的要求。

（2）隔爆接合面严重锈蚀、机械划伤、凹坑、间隙过大、连接螺钉没拧紧等，使接合面达不到隔爆的要求。

（3）电缆进出线口没有使用合格的密封圈和封堵挡板，或者安装不合格。

（4）在设备外壳内随意增加电气元部件，使某些电气设备的爬电距离和电气间隙小于规定值，或绝缘损坏、消弧装置失效造成相间经外壳弧光接地短路，使外壳被短路电弧烧穿而失爆。

（5）外壳内两个隔爆空腔由于接线柱、接线套管烧毁而连通，内部爆炸时压力形成叠加，导致外壳失爆。

（6）开关的联锁装置不全、变形、损坏，起不到联锁作用。

（7）隔爆室观察窗的透明件松动、破裂或机械强度不符合规定。

因此必须按照 GB 3836—2010、《煤矿机电设备检修质量标准》和《煤矿矿井机电设备完好标准》中的各项规定使用和维护好防爆电气设备，尤其是隔爆电气设备，使煤矿井下防爆电气设备的失爆率为零。

（二）电气设备失爆的原因

造成隔爆外壳失爆的原因是复杂多样的，常见的主要原因有：

（1）井下电气设备由于移动或搬运不当而发生磕碰，使外壳变形或产生严重的机械伤痕；在使用中也很可能发生碰击，严重时可能增大接合面间隙。

（2）隔爆电气设备运行到一定程度或由于维护和定期检修不妥，防护层脱落，往往使隔爆面上出现沙泥灰尘等杂物。某些用螺钉紧固的平面对口接合面上也会出现凹坑，有可能使隔爆面间隙增大。

（3）隔爆面上产生锈蚀而失爆。这是由于井下湿度大，钢制零件容易氧化而产生锈蚀斑点，损伤隔爆面所致。

（4）装配时产生严重的机械伤痕，这是由于装配前隔爆面上铁屑、焊釉等杂质没清除干净而划伤隔爆面。在转盖式结构的接合面上特别容易发生这种现象。

（5）拆卸防爆电动机端盖时，为省事而用器械敲打，将端盖打坏或产生明显的裂纹而失爆。

（6）螺钉紧固的隔爆面，由于螺孔深度过浅或螺钉太长，而不能很好地紧固，从而使隔爆面产生间隙而失爆。

（7）拆卸时零部件没有打钢印标记，待装配时没有对号而误认为是可互换的，造成间隙过小，使活动接合面产生摩擦现象，破坏隔爆面而失爆。

（三）电气设备失爆的危害

井下防爆设备具有隔爆性和耐爆性，也就是说在设备的壳内产生能引起混合气体爆炸的电火花的火焰传不到壳外，而设备失爆后就起不到隔爆和耐爆的作用，内部发生爆炸的火焰会传到壳外，并且与井下可燃、可爆性混合气体直接接触，会引起矿井火灾及瓦斯煤尘爆炸，造成重大恶性事故。

（四）电气设备失爆的预防措施

（1）搬运防爆电气设备要轻装轻放。起吊时防磕碰，放在车内要进行固定防止滚动，要专人护送，要控制速度，在坡陡的上山及工作面搬运时，注意防止设备自行滑落。

（2）保持良好的使用环境。运行中的隔爆电气设备，周围环境要干燥、整洁，不能堆积杂物和浮煤，保持良好的通风；设备上的煤尘要及时打扫；顶板要插严背实，有可靠的支架，防止矸石冒落砸坏设备；有滴水的地方，要疏通水沟及时排水；底板潮湿时，要用非燃性材质制成的台子把设备垫起来；避不开的淋水，要搭设防水槽，避免淋水浇到电气设备上。

（3）加强备用设备的管理。备用的隔爆电气设备、零部件要齐全，螺钉要拧紧，大小线嘴要有密封胶圈、垫圈，并用挡板堵好；外露螺钉要涂油防锈，隔爆面要涂防锈油；存放地点要安全、干燥，且便于运输;设备上要挂上明显的"备用"标志牌,备用设备的零件不许任意拆用。

(4) 使用旧的防爆设备或部件必须严格检查检修。因急需或倒装需用拆下来未经升井检修的隔爆电气设备时,要在井下现场进行小修:更换老旧螺栓和失效的弹簧垫圈,擦净隔爆腔内的煤尘、电弧、铜末、潮气,修理接线柱螺纹扣、变形的卡爪,修理或更换烧灼的触头,防爆面除锈,擦拭涂油,并用欧姆表测量其三相之间、相地之间的绝缘情况,看是否符合《煤矿安全规程》要求。用塞尺测量隔爆间隙是否合乎要求,合格后方可使用。不经检修,零件不全,螺栓折断,绝缘、防爆间隙不合要求的设备不准使用。

(5) 设备使用要合理,保护要齐全。增加容量要办理手续,要有专人掌握负荷情况。采掘生产变化很大,产量不均、负荷电流忽高忽低的问题要加以注意。例如,刮板输送机铺设长度要适当,采煤机的牵引速度要合理控制,防止电气设备因过载而烧毁,或因保护装置失灵而引起失火,造成重大事故。

(6) 备品配件要齐全合格,配备和使用专用工具,严格按规程操作。为及时排除设备故障,保证隔爆性能良好,井下使用单位必须在现场准备一定数量的备件和材料,如各种线嘴线盒、接线柱、绝缘套管、卡爪、接线座、触头、螺栓、弹簧圈、密封胶圈、垫圈、按钮、胶布、砂布等。要做到数量足够,质量合格,及时补充,专人保管。

(7) 配备和使用专用工具,严格按规定操作。虽然设备是隔爆的,备件是合格的,但如果没有一定的专用工具和合理的操作规程,就会人为地导致设备失爆。所以检修时必须配备和使用专用工具。不常用的特殊工具,也要以工作面、片为单位准备一套,努力做到按操作规程办事,提高技术水平,使工作符合质量标准。

复习思考题

1. 矿用电机车可分为哪些类型？
2. 简述电机车的完好标准。
3. 简述矿井轨道的构造。
4. 对矿井轨道的基本要求有哪些？
5. 简述电机车运输信号的种类。
6. 电机车运输信号的规定有哪些？
7. 煤矿安全用电"十不准"的内容是什么？
8. 矿用防爆电气设备可分为哪些种类？
9. 如何预防井下触电事故？
10. 什么是失爆？如何预防失爆事故的发生？

第三章　架线式电机车

架线式电机车同其他类型电机车相比,具有成本低、运输能力强大、维护简单、使用操作方便,运营费用低、可运送井下各种货物和人员等优点。但架线式电机车也存在基本建设投资费用较大、运输的组织管理工作比较复杂、井下应用范围受到限制等缺点。架线式电机车按电源性质的不同,可分为直流电机车和交流电机车两种。当前国内普遍使用直流电机车,本章只介绍直流架线式电机车。

第一节　架线电机车的机械结构

矿用电机车的机械部分包括车架、轮对、传动装置、轴承与轴箱、弹簧托架、制动装置、撒砂装置、连接缓冲装置及空气压缩系统,如图 3-1 所示。

一、车架

车架是电机车的主体部件,电机车上的所有机械、电气设备都装置在车架上。车架用弹簧托架支撑在轴箱上。车架除承受车体连同所装设备的重量(静载荷)外,运行过程中还受到附加的垂直力(如振动所引起的附加载荷)、纵向水平力(如牵引力和制动力)和横向水平力(通过弯道时的离心力、横向摆动所引起的附加载荷等)的作用。此外,还常常受到冲击载荷的作用。车架是一个受力复杂、承受载荷很大的部件,因此,它的强度要足够大,通常按不同机型、不同位置用 20～60 mm 厚的钢板焊接而成。

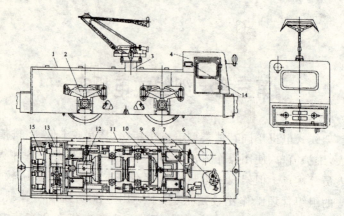

图 3-1　架线式电机车的外形结构

1——盖板；2——板弹簧；3——支架；4——驾驶室；5——缓冲器；6——座椅；
7——控制器；8——制动装置；9——砂箱；10,12——行走机构；11——车架；
13——压缩空气；14——铭牌；15——电气线路

二、轮对

轮对是由两个压装在轴上的车轮和一根车轴组成的。轮对不仅要承受电机车的全部重量，而且在运行中，电机车要通过轮对作用于轨道产生牵引力和制动力，轮对还直接承受轨道接头、道岔及线路不平所引起的冲击力，过弯道还要受离心力的作用。因而轮对的工作条件极为恶劣，为此，要求轮对应有足够的强度。对于轮对的设计、制造和维修都应给予特别的重视，才能保证电机车运行的安全与可靠。如图 3-2 所示，车轮是由轮心 2 和轮圈 3 热压装配而成的，轮心用铸铁或铸钢制成，轮圈用钢轧制而成。这种结构的优点是轮圈磨损后可以更换，而不致使整个车轮报废。

三、齿轮传动装置

齿轮传动系统的作用：一是将牵引电动机的转矩传递给轮对；二是进行变速。电机车的齿轮传动装置有一级、二级和三级三种型式。

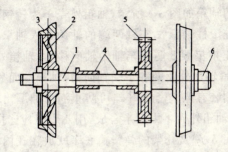

图 3-2　矿用电机车轮对

1——车轴；2——轮心；3——轮圈；4——轴瓦；5——齿轮；6——轴颈

在小型矿用电机车上，一般是用一台牵引电动机通过传动齿轮同时带动两根轴。而在中型矿用电机车上，用两台牵引电动机分别带动两根轴。

牵引电动机的一侧用轴承装在车轴上，另一侧用机壳上的挂耳通过弹簧吊挂在车架上。这种安装方式既能缓和运行中对电动机的冲击和振动，又能保证传动齿轮处于正常啮合状态，如图 3-3 所示。

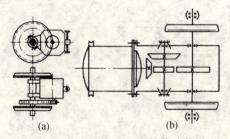

图 3-3　矿用电机车的齿轮传动装置

（a）单极开式齿轮传动；（b）闭式齿轮减速箱

四、车轴与轴箱

车轴通过轴承和轴箱承受车架及其以上全部设备的重力。轴箱安装在车轴两端的轴颈上，它是车架与轮轴的连接点。

电机车的轴箱如图 3-4 所示,轴箱外壳 1 为铸钢件,箱内装有两个单列圆锥滚柱轴承 4,车轴两端的轴颈插入轴承的内座圈,用支持环 3 和止推垫圈 8 防止车轴做轴向移动,轴箱外侧装有支持盖 6,用来压紧轴承外座圈和承受轴向力,轴箱端面另用端盖 7 封闭。轴箱内侧装有毡垫密封圈 2,可防止润滑油漏出和灰尘侵入。为便于检修,轴箱外壳 1 由两半合成,用 4 个螺栓连接。轴箱顶部有一个柱状孔 5,弹簧托架的弹簧箍底座就放在孔内,箱壳两侧的滑槽与车架相配合,使轴箱固定,当电机车在不平整的轨道上行驶时,轮轴在车架上能上下滑动,通过弹簧托架起缓冲作用。

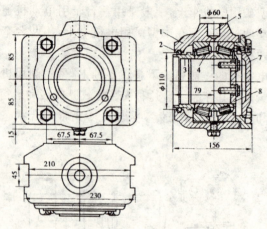

图 3-4　电机车的轴箱

1——轴箱外壳;2——密封圈;3——支持环;4——滚柱轴承;
5——柱状孔;6——支持盖;7——端盖;8——止推垫圈

五、弹簧托架

弹簧托架的作用是缓和运行中对电机车的冲击和振动。为了使车轮受力均衡,弹簧托架上安装有均衡梁,均衡梁的作用是:当有一个车轮的负荷增加时(例如轨道局部突起),能通过均衡梁的作用把负荷分配给另一个车轮一部分,以避免一个车轮过载,一个车轮欠载,使电机车的质量均匀地分布在 4 个车轮上,从而改善电机车的缓冲和黏着性能,使电机车在运行时保持平稳,如图 3-5 所示。

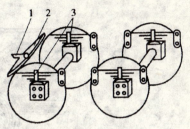

图 3-5　弹簧托架

1——均衡支架;2——均衡梁;3——板弹簧

六、制动装置

制动装置的作用是在运行中能使电机车迅速减速和停车。制动装置有机械的和电气的两种,电气制动装置不能使电机车完全停住,因此,每台电机车都装有机械制动装置。机械制动装置按操作方式分有手动和气动两种。

图 3-6 为电机车机械制动装置图,4 个车轮的内侧各装一个闸瓦,闸瓦铰接在制动杆上。每侧的两个制动杆的下端用正反扣调整螺钉 11 相连。此调整螺钉用来调整闸瓦与车轮轮面的间隙。两个制动杆用连杆 12 连接,连杆 12 的顶端铰接在车架上作为固定支点。拉杆 6 的左右移动使闸瓦进行制动或松闸。拉杆 6 的动作是由手轮 1 经螺杆 2 和螺母 4 组成的螺旋副传递。螺杆装在车架的孔内,手轮和螺杆只能转动不能移动。螺母 4 固定在均衡杆 5 的中间,螺母不能转动只能移动。均衡杆 5 的作用是将螺旋副的推力平均地传给两个拉杆 6。

为更好实施制动,应注意以下几方面:

(1) 闸瓦和车轮的间隙要始终保持完好,间隙过小、过大都影响制动距离。

(2) 4 个车轮受力要均衡,保证有最大的制动力。

(3) 为使电机车制动,闸瓦上的制动力不能超过一定限度,这个限度称为“制动力的极限值”,超过此值会将车轮抱死,不仅降低了制动效果,甚至会造成轮箍松动和车轮踏面损伤。

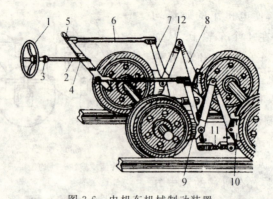

图 3-6　电机车机械制动装置
手轮;2——螺杆;3——衬套;4——螺母;5——均衡杆;6——拉杆;
8——制动杆;9,10——闸瓦;11——正反扣调整螺钉;12——连杆

（4）对制动装置的完好标准要求：

① 制动装置工作可靠。

② 制动手轮转动灵活,螺杆螺母配合紧密,连接销紧密、不缺油。

③ 闸瓦磨损余厚不小于 10 mm,同一制动杆两闸瓦的厚度差不大于 10 mm,在完全松闸状态下,闸瓦与车轮踏面间隙为 3～5 mm。紧闸时接触面不小于 60%,调整间隙装置灵活可靠,制动梁两端高低差不大于 5 mm。

④ 抱闸式制动装置的闸带磨损余厚不小于 3 mm,闸带与闸轮的间隙为 2～3 mm,闸带无断裂,弹簧不失效。

七、撒砂装置

撒砂装置的作用是向电机车车轮前的钢轨上撒砂,以增大黏着系数,提高电机车的牵引力和制动力,防止车轮打滑。撒砂装置有 4 个砂箱,这 4 个砂箱由驾驶室中上、中下两个手柄操纵,一个手柄操纵两个砂箱。两个手柄均靠弹簧复位。

矿用电机车的常用撒砂装置根据撒砂原理和结构不同分阀门

式和摇摆式两种,如图 3-7 所示。

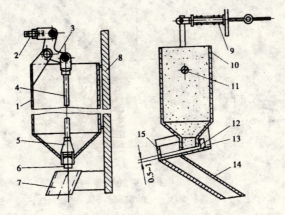

图 3-7 撒砂装置

1,10——砂箱;2,4——拉杆;3——摇臂;5——锥体;6——弹簧;

7——出砂管;8——箱体钢板;9——弹簧;11——箱轴;12——止挡;

13——支座;14——出砂管;15——弯板

八、空气压缩系统

空气压缩系统产生压缩空气,再以压缩空气为动力源在电机车运行中施行空气制动、空气撒砂、升降集电器、鸣笛等。压缩空气的工作压力一般调整为 $4.5 \times 10^5 \sim 6 \times 10^5$ Pa,其系统原理如图 3-8 所示。

空气压缩系统由空气压缩机和带动空气压缩机工作的直流电动机、风包、气压控制开关、安全阀、止回阀、油水分离器、气喇叭、汽笛阀、压力表、汽缸脚踏制动阀、撒砂阀、气弓升降阀等组成。

九、连接缓冲装置

矿用电机车的前后两端都有连接和缓冲装置。为能牵引具有不同连接高度的矿车,连接装置一般做成多层接口,缓冲装置有刚性和弹性两种。

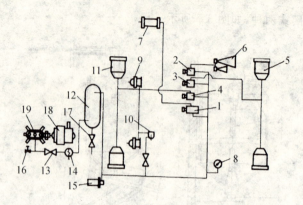

图 3-8 电机车空气压缩系统

1——主电器汽缸;2——汽笛阀;3——前撒砂阀;4——后撒砂阀;5——前砂箱;
6——双音汽笛;7——主集电器阀;8——气压表;9——制动汽缸;10——制动阀;
11——后砂箱;12——风包;13——止回阀;14——油水分离器;15——气压继电器;
16——安全阀;17——排污阀;18——空气压缩机电动机;19——空气压缩机

第二节　架线电机车的电气设备

架线式电机车的电气设备分为主要电气设备和辅助电气设备两部分。

电机车的主要电气设备是将电能转换为机械能,从而产生牵引力和制动力,实现电机车的启动、调速、运行和电气或空压制动等运行;电机车的辅助电气设备是为了保障电机车安全、可靠地工作,提供照明、警号、通信等辅助工作,它们与主要电气设备的区别是不产生牵引力和制动力。

为保证电机车安全、可靠地工作,电机车还设有电压计、电流计、气压计和速度计。

架线式电机车的电气设备有集电器、自动开关、电阻器、晶闸管直流变压器、控制器、照明装置和牵引电动机等。

一、集电器

（一）作用

架线式电机车的集电器也称集电弓、受电器，是架线式电机车从架线上取用电能的装置。

（二）组成

集电器由弓圈、接触件、绝缘棒、导线和导线连接螺栓组成。

近年来广泛使用的新型接触件——碳素滑板，是以石墨为主的多种材料经搅拌、加压、焙烧成形的。经长期使用后，架线与碳素滑板摩擦的表面会形成一种碳素膜，使接触件具有润滑、抗磨、导电性能好、抗电灼和使用寿命长等良好性能；同时，使用中可以使架线表面光洁，减少电灼伤和延长架线使用寿命，并可大量节约有色金属，降低运输成本。

（三）分类

集电器按其与架空线的接触方式分为滑动式和滚动式两种；从结构型式上分为单臂、双臂和菱形三种。

（四）要求

线接触时应保持一定的压力。井下集电器与架空线的接触压力一般为 39～49 N，地面专用电机车的接触压力一般为 49～69 N，这样才能保证接触电阻小、火花少。

二、自动开关

（一）作用

(1) 自动开关结构如图 3-9 所示，设置在电机车电源的进线端，是电机车电源的总开关。

(2) 当电流超过允许值时，开关会自动跳开，是电机车电气设备主回路的过负荷和短路的自动保护装置。

（二）组成

自动开关虽有多种形式，但基本原理相似，均由操作机构和衔铁机构两部分组成。操作机构有合闸和跳闸用的手传动装置及

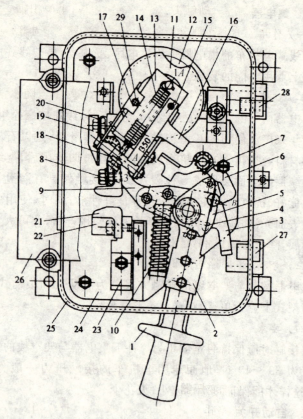

图 3-9　自动开关

1——手柄；2——手柄套；3——支座；4——转向弹簧；5——支架；6——卡钩；
7,10——弹簧；8——动触头；9——动触头架；11——消弧线圈；12——铁芯；13——衔铁；
14——拉簧；15——遮断电流指示板；16——接触钩；17——吸铁架；18——调节螺钉；
19——上角；20——导线；21——静触头；22——下角；23——夹线板；24——绝缘板；
25——外壳；26——消弧罩；27,28——胶管；29——调节螺钉

静、动触头；衔铁机构有过电流线圈、消弧线圈等。自动开关的全部带电零件都装在绝缘底板上，并用接地的金属外壳封闭。静触

头固定在绝缘底板上,动触头与操作手柄相连,由编织铜带与过负荷保护线圈连接。衔铁部分有钩环和调整弹簧,由调整弹簧调节衔铁与磁铁的距离,达到所需要的整定电流值。

（三）安全技术要求

(1) 自动开关的整定电流值要按规定计算,不能随意选取,整定值过小保证不了按规定牵引的矿车数;整定值过大起不到保护作用,易烧坏电动机。

(2) 触头起始压力为 90～140 N,终压力为 130～160 N,间隙为 8～10 mm。

三、电阻器

（一）作用

(1) 串联在主回路中起限制电流的作用。

(2) 串联在主回路中降低牵引电动机的端电压。

(3) 当电机车采取电气制动时,消耗牵引电动机变为发电机工作时产生的电能。

（二）组成

电阻器的电阻元件横切面为矩形,做带状绕制成螺线管形,固定在电阻器架上,安装在电机车的电阻室内。

四、可控硅直流变压器

目前常用的可控硅直流变压器有两类:一类是通过直流断续器把输入的直流电压周期地断续,再经转换电路直接输出低电压;另一类是通过直流断续器把输入的直流电压周期地断续为单向脉动电压,经变压器降压后输出低电压。大多数电机车采用后一类。

可控硅直流变压器简称为直变器,它的作用是:

(1) 将架线式电机车从架线获得的 250 V 或 550 V 直流电转为 24 V 或 12 V 的脉冲电流。

(2) 为架线式电机车的照明、电喇叭和车载电话提供低压电源。

五、照明装置

照明装置是为电机车提供照明、创造良好的工作条件专设的。照明装置由前后车灯、开关、过流保护和控制盒组成,由直变器供电。

前后车灯是 12 V 汽车照明灯,采用 24 V 电源供电时前后车灯串联,采用 12 V 电源供电时前后车灯并联。

六、控制器

主控制器包括控制和换向两部分,前者称为主控制器,后者称为换向器。控制器用来操作电机车启动、调速、停止、电气制动、前进或后退。换向器与主控制器均由转动手柄进行操作,如图 3-10 所示。

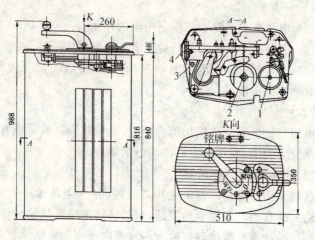

图 3-10　QKTZ 型控制器

1——换向接触器;2——凸轮控制器;3——消弧罩;4——绝缘板

(一)主控制器

主控制器主要由凸轮接触器、主轴、凸轮、换向接触器、换向轴、换向滚、换向手把、主轴手把、石棉罩、控制器外壳等组成。

凸轮接触器是控制器的主控制器,由主轮、11 个凸轮和触头组成,触头装在主轴一侧的绝缘板上,每个触头上都装有电磁消弧线圈和消弧罩。主轴上装有与触头对应的绝缘凸轮,这些凸轮的凸凹部分是根据运行操作闭合和分开的需要而设计在不同位置上的。主轴的上端装有控制手把,当司机转动控制手把时,触头就按一定顺序闭合和分开,以达到电机车启动、调速、停止以及电气制动等目的。

（二）换向器

换向器是用来改变电机车前进或后退方向用的。换向器手柄采用扳手式,即当选定开车方向以后,其手柄可以取下,以防他人误操作,发生开反车现象。换向器有控制单台式或两台牵引电动机工作的挡位,以供检查、试验或切除故障电动机时使用,换向器在闭锁装置的作用下,只能在无负荷电流下变换挡位。

（三）闭锁装置

闭锁装置是凸轮接触器和换向接触器间的机械联锁装置,用以保证换向接触器不致带电流断开或接通回路,并在取下换向手把时锁住凸轮接触器,使之不能转动。

七、牵引电动机

电机车上的电动机是直流电动机（变频电机车采用的是交流电动机）,直流电动机按励磁方式不同可分为他励直流电动机、并励直流电动机、串励直流电动机和复励直流电动机。

串励直流电动机的励磁绕组与电枢绕组串联,因此,这种电动机的励磁电流是电枢电流。窄轨电机车采用串励直流电动机,与其他励磁方式的直流电动机或交流异步电动机比较,具有一定优点,其内容将在第十章介绍。

复习思考题

1. 矿用电机车的机械结构主要由哪几部分组成?

2. 齿轮传动系统的作用是什么?

3. 弹簧托架的作用是什么?

4. 制动装置的作用是什么? 有哪两种?

5. 简述架线式电机车的主要电气设备。

6. 可控硅直流变压器的作用是什么?

7. 控制器包括哪两部分? 各自的作用是什么?

第四章　蓄电池式电机车

第一节　蓄电池式电机车的类型和使用区域

　　蓄电池式电机车同架线式电机车一样,也是由电机车牵引一列矿车在轨道上运输的一种机械设备,是煤矿井下巷道内长距离运输的一种重要形式。其独特之处是自带电源,既可以应用于高瓦斯矿井的主要进风(全风压通风)运输巷道内,也可以应用于各种矿井的主要回风巷道和采区进、回风巷道内。蓄电池式电机车在煤矿运输生产中起着重要作用。

一、蓄电池电机车的类型

　　蓄电池式电机车按结构特点分为普通式和胶套轮式;按电源装置安全性能分为增安型、防爆特殊型和隔爆型三种。

　　增安型电源装置:这种电源装置是在结构上采取一定的措施,使其在正常运行时不会产生电弧、火花而点燃周围爆炸性混合物产生爆炸,但在故障状态下不能保证上述安全。因此,它的使用受到一定限制。

　　防爆特殊型电源装置:此装置是在蓄电池和蓄电池箱采取了特殊防爆措施,经过防爆检验,证明确实具有防爆性能。

　　隔爆型电源装置:是将蓄电池安装在隔爆外壳内的电源装置。

二、蓄电池式电机车与架线电机车的区别

　　蓄电池式电机车与架线电机车的机械结构、动作原理基本相

同,主要在电气部分有所区别。二者在电气部分的区别是:

(1)架线式电机车的电源取自外部的牵引网路。牵引网路和牵引变流所组成的供电系统较为复杂。

蓄电池式电机车牵引电动机的电源取自随车行走的蓄电池电源箱,供电系统较为简单。

(2)由于供电电源的不同,其供电电压也不同。架线式电机车的供电电压一般在 250 V 以上,蓄电池式电机车的供电电压一般在 200 V 以下。

(3)根据煤矿井下的环境和使用条件,蓄电池式电机车的供电电源分别被做成矿用增安型、防爆特殊型和隔爆型。

(4)蓄电池式电机车电气部分除电源箱外,其余部件均是隔爆型,架线式电机车电气部分则是矿用一般型。

三、蓄电池电机车使用的区域范围

《煤矿安全规程》对蓄电池式电机车使用的区域范围作出了明确规定:

(1)在高瓦斯矿井的进风(全风压通风)主要运输巷道内,应使用矿用防爆特殊型蓄电池式电机车。

(2)在掘进的岩石巷道中,可使用矿用防爆特殊型蓄电池式电机车。

(3)在瓦斯矿井的主要回风巷和采区进、回风巷内,应使用矿用防爆特殊型蓄电池式电机车。

(4)在煤(岩)与瓦斯突出矿井和瓦斯喷出区域中,如果在全风压通风的主要风巷内使用电机车运输,必须使用矿用防爆特殊型蓄电池式电机车,并必须在电机车内装设甲烷自动检测报警断电(油)装置。如果风巷是沿煤层掘进或有穿过煤层的区段,都必须采用不燃性材料支护。

第二节　蓄电池电机车的组成和结构

一、蓄电池式电机车的组成

蓄电池式电机车主要由特殊型电源装置、机械部分和电气部分构成。由于工作环境的需要，其电气设备的电源插销连接器、控制器、电阻器、照明灯、牵引电动机及各种仪表都为隔爆型。

图 4-1 是 CDXT2-8T 型煤矿防爆特殊型蓄电池式电机车的外形图。

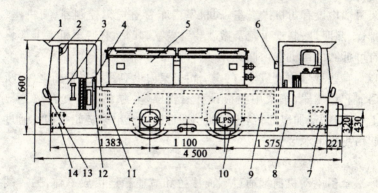

图 4-1　蓄电池式电机车

1——司机棚；2——照明灯；3——司机控制器；4——制动装置；5——电源装置；
6——甲烷报警仪；7——断电及稳压装置；8——车体；9——电动机；10——行走部件；
11——分线箱；12——撒砂装置；13——警铃装置；14——电阻器

（一）防爆特殊型电源装置

电源装置由特殊型蓄电池、蓄电池箱和隔爆插销等部件组成。

（二）机械部分

机械部分由车架、行走部件、制动装置、撒砂装置、司机室、顶棚等组成。

（三）电气部分

电气部分由隔爆型直（交）流电动机、隔爆控制器、隔爆电阻器、车载断电稳压装置（如 CDXT2-8T 型电机车）和隔爆照明灯、蓄电池放电指示器等组成。

二、蓄电池式电机车的结构

（一）车架

车架由厚为 25 mm 的钢板焊接而成，它跨装在四组板弹簧上，板弹簧支撑在行走部件的轴承箱上。车架两端板上装有缓冲器和连接器，用以减轻冲击和连挂矿车。许多型号的电机车在车架两端均设有司机操纵室，司机室内布置有司机控制器、司机座、警铃、照明灯、制动手轮及撒砂装置操纵脚踏。有些司机室上部装有可拆卸的司机室顶棚。

有些型号的电机车，在一端司机室内设有瓦斯报警断电仪、断路器和稳压器，车架中隔板设有滚轮架，电源装置放置在滚轮架上，并用插销加以固定，拔下插销即可通过充电架链轮机构或通过起吊更换电源装置。

（二）行走部分

牵引电动机前端通过端面法兰和减速箱连接成一体，另一端通过电动机托架和半悬挂装置连接在车架上。牵引电动机通过联轴器、传动系统将扭矩传递到车轮轴上，传动系统采用伞齿、直齿圆柱齿轮二级减速，齿轮各部分采用减速箱内的润滑油进行润滑，联轴器采用爪形弹性联轴器，拆装更换方便。

（三）制动装置

电机车制动装置采用机械杠杆传力式，两端司机室内均有制动手轮。制动时，司机旋转制动手轮，通过丝杠及螺母带动横梁，传送于连杆带动左右制动块，同时对两组轮对的一侧施行制动。随着制动闸瓦的磨损应经常通过调节螺杆调整闸瓦间隙，保证制动块和轮缘间保持 2～3 mm 的松闸间隙。该制动装置的特点是：

任何一端制动手轮处于紧锁位置时,另一端制动手轮也处于紧锁位置。

（四）撒砂装置

两组砂箱分别设置在两轮对的一侧,两端司机室内均有撒砂手柄,无论电机车向哪一方向行驶,均可进行撒砂。撒砂装置所使用的砂子,应经过筛选、烘干,防止砂子在砂箱和导管内堵塞。

复习思考题

1. 简述蓄电池式电机车使用的区域范围。
2. 蓄电池式电机车都由哪些部分组成?

第二部分
初级电机车司机技能要求

第五章　电机车司机安全操作规范

电机车司机在煤矿井下安全运输中起核心作用。电机车安全运行要求每个司机不仅要有强烈的事业心和热爱本职工作的责任心,还要具备一定的电机车专业技术知识和安全操作基本知识。因此,电机车司机必须是经过安全技术培训,并经过考试合格,取得安全操作资格证书的人。

第一节　岗位安全责任制和交接班制度

一、岗位安全责任制

《煤矿安全规程》规定:煤矿企业必须建立健全各级领导安全生产责任制、职能机构安全生产责任制、岗位人员安全生产责任制。电机车司机的岗位是在电机车上,所以应对电机车的安全运行工作负责,还要对电机车的巡检制度、检修制度以及合理使用、安全运行、机车性能试验制度、大修后的验收制度的执行负责,并要执行对事故隐患、"三违"现象的登记制度和事故分析追查制度。电机车司机除要遵守以上制度外,还应遵守以下岗位责任制的具体规定:

(1)电机车司机应热爱本岗位,应爱护电机车,经常检查和清理电机车使之保持清洁和完好,发现有故障、隐患存在,应及时处理或上报。

(2)电机车司机要坚守岗位,不准擅离职守,更不准将机车让他人驾驶,绝对不允许他人蹬乘电机车及列车组中的任何一个车辆。

(3)电机车司机要认真执行交接班制度,严格履行交接班手续,要在岗位进行交接班。

为保证电机车安全运行,交接班是一个重要的程序。不按规定进行交接班,就不能很好地掌握机车的现行状态,就有可能使机车带病运行,以致造成事故。有些单位交接班不严,草率行事,不在岗位交接班,有的在途中,有的在更衣室,还有的根本不交接班,交班者扔下机车不管就升井,接班者到处找机车,这些现象都应杜绝。

(4)电机车司机要认真执行操作规程,不能违章作业,执行操作规程要一丝不苟。

(5)电机车司机牵引列车组时,必须按照作业规程规定的数量拉车,不得超载拉车。

(6)电机车司机要有主人翁精神,有高度的责任感,工作时要做到以下几点:

① 班前不喝酒。

② 运行中要精力集中,不打瞌睡。

③ 不冒险蛮干。

④ 不开飞车。

⑤ 听从调度指挥,不闯信号。

二、交接班制度及接班时的主要检查内容

(一)交接班时,电机车司机必须严格执行的规定

(1)电机车司机必须在现场进行岗位交接班,即在车库或指定的车场内进行交接班。

(2)交班司机要在交班前把电机车的各部件检查一遍,并把所有存在的问题记好,清点好工具及机车上的备用零件数目,做好电机车的卫生清洁、保养及其他交班准备工作。接班人没来到时,不准离开机车升井。

（3）交班时,交班司机应该把电机车的运转情况、有无故障情况、架线或蓄电池、通信设施及信号、轨道及巷道线路上存在的问题,详细地向接班司机交代清楚,并写入交班记录中。交代其他应说明的事情。

（4）接班司机对架线电机车进行检查时,应先落下集电器(即集电弓),断开自动开关;检查蓄电池电机车要先拔下插销连接器,切断电源。接班司机应检查如下项目:

① 控制器的转动是否灵活,换向器手柄和主控制器手柄的机械闭锁是否可靠,试验各部分接触器是否良好。

② 检验警笛(铃)声音是否洪亮,车灯是否明亮,通信装置是否正常,制动装置是否灵活可靠。

③ 看砂箱内存砂是否够用,并且是否干燥没有结块。试验撒砂装置的动作是否灵活,检查时不要撒砂过多。

④ 集电器起落是否灵活,是否有足够的弹力适应架线最高与最低偏差,即是否有足够的弹力使集电器升高适应架线高度变化的要求。

（5）蓄电池电机车的蓄电池部分检查:

① 蓄电池箱盖是否盖好,箱体与车架的连接是否牢靠,销子是否插好。

② 蓄电池电极与回路的连接是否良好。

③ 根据交班司机的交班内容分析并交换意见,判断蓄电池电压是否还在允许放电规定的数值内。尽可能避免过放电现象,以免引起因不能牵引电机车而影响生产,或缩短蓄电池的寿命。

（6）检查电机车各润滑部位油量是否足够,连接器与碰头有无损坏。

（7）检查电机车机械部分接合是否良好,各连接部位有无松动,是否完好。

（8）检查电机车的防爆设备、部件是否符合防爆要求(如车灯、电源插销、控制器、电源装置导线等),是否有失爆现象。

(9)最后做一次启动试验、一次制动试验。根据机车运行平稳程度判断轮轴及弹簧托架等的可靠程度。判断制动机构是否能满足《煤矿安全规程》规定的制动距离要求。

(10)接班检查中发现电机车零部件损坏,要及时维护,或进车库修理。

(11)经上述检查无问题时,接班人认同交班人的交班后,双方在交接簿上签名。

(二)蓄电池电机车需更换电池时的注意事项

(1)司机与充电工应互相交流蓄电池组的放电及充电情况,并共同测定电压。

(2)司机检查蓄电池各项指标合格后,填写交接班记录,双方共同签名。

第二节　电机车的安全运行

《煤矿安全规程》对电机车进行了如下规定。

一、瓦斯矿井中使用机车运输时应遵守的规定

(1)在低瓦斯矿井进风(全风压通风)的主要运输巷道内,可使用架线电机车,但巷道必须使用不燃性材料支护。

(2)在高瓦斯矿井进风(全风压通风)的主要运输巷道内,应使用矿用防爆特殊型蓄电池电机车或矿用防爆柴油机车。如果使用架线电机车,必须遵守下列规定:

①沿煤层或穿过煤层的巷道必须砌碹或锚喷支护。

②有瓦斯涌出的掘进巷道的回风流,不得进入有架线的巷道中。

③采用碳素滑板或其他能减小火花的集电器。

④架线电机车必须装设便携式甲烷检测报警仪。

（3）掘进的岩石巷道中，可使用矿用防爆特殊型蓄电池电机车或矿用防爆柴油机车。

（4）瓦斯矿井的主要回风巷和采区进、回风巷内，应使用矿用防爆特殊型蓄电池电机车或矿用防爆柴油机车。

（5）煤（岩）与瓦斯突出矿井和瓦斯喷出区域中，如果在全风压通风的主要风巷内使用机车运输，必须使用矿用防爆特殊型蓄电池电机车或矿用防爆柴油机车。

二、采用机车运输时应遵守的规定

（1）列车或单独机车都必须前有照明，后有红灯。

（2）正常运行时，机车必须在列车前端。

（3）同一区段轨道上，不得行驶非机动车辆。如果需要行驶时，必须经井下运输调度站同意。

（4）列车通过的风门，必须设有当列车通过时能够发出在风门两侧都能接收到声光信号的装置。

（5）巷道内应装设路标和警标。机车行近巷道口、硐室口、弯道、道岔、坡度较大或噪声大等地段，以及前面有车辆或视线有障碍时，都必须减低速度，并发出警号。

（6）必须有用矿灯发送紧急停车信号的规定。非危险情况，任何人不得使用紧急停车信号。

（7）两机车或两列车在同一轨道同一方向行驶时，必须保持不少于 100 m 的距离。

（8）列车的制动距离每年至少测定 1 次。运送物料时不得超过 40 m；运送人员时不得超过 20 m。

（9）在弯道或司机视线受阻的区段，应设置列车占线闭塞信号；在新建和改扩建的大型矿井井底车场和运输大巷，应设置信号集中闭塞系统。

三、用人车运送人员时应遵守的规定

（1）每班发车前，应检查各车的连接装置、轮轴和车闸等。

（2）严禁同时运送有爆炸性的、易燃性的或腐蚀性的物品，或附挂物料车。

（3）列车行驶速度不得超过 4 m/s。

（4）人员上下车地点应有照明，架空线必须安设分段开关或自动停送电开关，人员上下车时必须切断该区段架空线电源。

（5）双轨巷道乘车场必须设信号区间闭锁，人员上下车时，严禁其他车辆进入乘车场。

四、乘车人员必须遵守的规定

（1）听从司机及乘务人员的指挥，开车前必须关上车门或挂好防护链。

（2）人体及所携带的工具和零件严禁露出车外。

（3）列车行驶中或尚未停稳时，严禁上下车和在车内站立。

（4）严禁在机车上或任何两车厢之间搭乘。

（5）严禁超员乘坐。

（6）车辆掉道时，必须立即向司机发出停车信号。

（7）严禁扒车、跳车和坐矿车。

五、井下用机车运送爆破材料时应遵守的规定

（1）炸药和电雷管不得在同一列车内运输。如用同一列车运输，装有炸药与装有电雷管的车辆之间，以及装有炸药或电雷管的车辆与机车之间，必须用空车分别隔开，隔开长度不得小于 3 m。

（2）硝化甘油类炸药和电雷管必须装载在专用的、带盖的有木质隔板的车厢内，车厢内部应铺有胶皮或麻袋等软质垫层，并只准放一层爆炸材料箱。其他类炸药箱可以装在矿车内，但堆放高度不得超过矿车上缘。

（3）爆炸材料必须由井下爆炸材料库负责人或经过专门训练的专人护送。跟车人员、护送人员和装卸人员应坐在尾车内。严禁其他人员乘车。

（4）列车的行驶速度不得超过 2 m/s。

（5）装有爆炸材料的列车不得同时运送其他物品或工具。

第三节　电机车司机安全操作规程

一、一般规定

（1）电机车司机必须熟悉和遵守安全操作规程的各项规定。本规程中未包括的内容,应按产品说明书等技术文件的规定执行。

（2）司机必须经培训考试取得合格证,并应持证上岗。

（3）操作时,司机保持的正常姿势应当是:坐在座位上,目视前方,左手握控制操作手把,右手握制动手轮(手拉杆)。严禁将头或身体探出车外。

制动手轮停放的位置:应当保证手轮转紧圈数在 2～3 圈的范围。

（4）严禁甩掉保护装置或擅自调大整定值,或用铜、铁丝等非熔体代替保险丝(片)等熔体。

（5）司机不得擅自离开工作岗位,严禁在机车行驶中或尚未停稳前离开司机室。司机离开岗位时,必须切断电动机电源,将控制器手把取下,扳紧车闸,但不得关闭车灯。在有坡度的地方,必须用可靠的制动器将车辆掩住。

（6）使用蓄电池式电机车,不得使蓄电池过放电。

（7）使用电机车牵引或推顶脱轨的机车或矿车复轨时应有可靠的防倒、防跑措施,如借助复轨器等。

二、开车前的准备

（1）司机必须严格执行交接班制度。详细了解列车运行状况、信号及线路状况、存在的问题等,并对电机车进行认真检查:

① 司机室应有完好的顶棚和门。

② 连接器应良好。

③ 手闸(风闸)及撒砂装置应灵活有效。

④ 照明灯应明亮,喇叭或警铃音响应清晰、洪亮,红灯正常。

⑤ 通信装置正常。

⑥ 蓄电池电压符合规定。

⑦ 蓄电池箱应固定稳妥,锁紧装置应可靠。

⑧ 在切断电源的情况下,转动控制器,换向和操作手把应灵活,闭锁应可靠。

⑨ 集电器起落灵活不偏斜。

(2) 检查中发现的问题,必须及时处理或向当班领导汇报。当电机车的闸、灯、警铃(喇叭)、连接器和撒砂装置中,任何一项不正常或防爆部分失去防爆性能时,都不得使用该机车。

(3) 按规定向机车各注油点加注适量的润滑油;砂箱内应装满符合规定粒度的干燥细砂。

(4) 开车之前应和跟车工一道检查车辆组列、装载情况等,有下列情况之一时,不得开车:

① 牵引车数和车辆连接不符合规定。

② 装载的物料、设备超宽、超长、超高或重心不稳,封车不牢。

③ 机车或列车车辆上搭乘非工作人员。

④ 运送人员的列车附挂物料车或乘车人员不遵守乘车规定。

⑤ 运送有易爆、易燃或有腐蚀性物品时,车辆的使用、组列或装载等不符合规定。

⑥ 有其他影响安全行车的隐患。

(5) 进行特殊运输时,应执行专项安全技术措施。

三、启动

(1) 按顺序接通有关电(气)路,启动相应的电(气)仪器、仪表,打开照明灯、红尾灯。

(2) 启动前,必须向调度申请发车,接到发车信号后,将控制器换向手把扳到相应位置上("向前"或"向后")。先鸣笛(敲铃)示警,然后松开手闸,按顺时针方向转动控制器操作手把,使车速逐渐增加到运行速度。

严禁司机在车外开车,严禁不松闸就开车。

(3) 控制器操作手把由零位转到第一位置时,若列车不动,允许转到第二位置(脉冲调速操作手把允许转至 60°);若列车仍然不动,一般不应继续下转手把,而应将手把转回零位,查明原因。如系车轮打滑,可倒退机车,触动放松连接链环,然后重新撒砂启动。严禁长时间强行拖拽空转以及为防止车轮打滑而施闸启动。

(4) 控制器操作手把由一个位置转到另一位置,一般应有 3 s 左右的时间间隔(初启动时可稍长)。不得过快越挡;不得停留在两个位置之间(脉冲调速操作手把应连续缓慢转动)。

四、运行

(1) 运行中,严格按信号指令行车。控制器操作手把只允许在规定的"正常运行位置"上长时间停放。如必须在其他位置稍长时间停留时,也应轮流停留,避免因过久停留而过热。

(2) 调整车速时,应将控制器操作手把往复转至"正常运行位置"及"零位位置"停留,尽量避免使用制动闸控制车速。

(3) 正常运行时,机车必须在列车前端。如确需顶车调车或处理事故时应遵守下列规定:

① 司机必须听从跟车人的指挥,速度要慢。顶车速度不得超过 1 m/s。

② 必须连车顶车。

③ 跟车人应在列车前巡视。

④ 对车顶车时,司机要集中精力操作,随时注意连车人的安全。严禁强行推顶。

⑤ 严禁异线顶车。

⑥ 顶车时列车两侧严禁站人。

(4) 行驶中,司机必须经常注意瞭望。要按信号指令行车,严禁闯红灯。要注意观察人员、车辆、道岔岔尖位置、有无障碍物等情况,注意各种仪表、仪器的显示,细心操作。

(5) 两机车或两列车在同一轨道、同一方向行驶时,必须保持不少于 100 m 的间距。

(6) 列车行驶速度:运人时不得超过 4 m/s;运送爆破材料或大型材料时,不得超过 2 m/s;车场调车时不得超过 1.5 m/s。

(7) 接近风门、巷道口、硐室出口、弯道、道岔、坡度较大或噪声大等处所,双轨对开机车会车前,以及前面有人、有机车或视线内有障碍物时,都必须减低速度,并发出警号。

(8) 不论任何原因造成电源中断,都应当将控制器的操作手把转回零位,然后进行检查,重新启动。若仍然断电,应视为故障现象。

(9) 列车出现故障或不正常现象时,都必须减速停车。有发生事故的危险或接到紧急停车信号时,都必须紧急停车。

五、减速停车

(1) 需要减速时,应将控制器操作手把按逆时针方向逐渐转动,直至返回零位。大幅度减速时操作手把应迅速回零。如果车速仍然较快,可适当施加手闸(风闸),并酌情辅以撒砂。禁止拉下集电器减速;禁止在操作手把未回零位时施闸。

需要停车时,应按上述操作顺序使列车缓慢驶至预定地点,再以手闸(风闸)停止机车。

严禁使用"逆电流"即"打倒车"的方法制动电机车或改变电机车的行驶方向。

(2) 需要紧急停车时,必须镇定,迅速地将控制器操作手把转至零位,电闸、手闸(风闸)并用,并连续均匀地撒砂。

(3) 制动时,不可施闸过急过猛,否则容易出现闸瓦与车轮抱死致使车轮在轨道上滑行的现象。出现这种现象,应迅速松闸缓解,而后重新施闸。

(4) 制动结束,必须及时将控制器换向手把、操作手把转至零位。

（5）列车制动距离：运人时不得超过 20 m；运送物料时不得超过 40 m。

（6）途中因故停车后，司机必须向值班调度员汇报。在没有闭塞信号的区段，应首先在机车（列车）前后 40 m 处设置防护，然后才能检查机车（列车），但不允许在井下对蓄电池电机车的电气设备打开检修。

（7）列车占线停留，在一般情况下，应符合下列规定：

① 在道岔警冲标位置以外停车。

② 不应在主要运输线路"往返单线"上停车。

③ 应停在巷道较宽、无淋水或其他指定停靠的安全区段。

（8）运输过程中两列车会车时，物料车应停车等候，让人车先行。运送人员的机车必须在规定的停车位置停车，保证自动停送电开关断电，然后人员方可上下车。

复习思考题

1. 简述电机车司机岗位责任制的主要内容。

2. 简述交接班的重要性。

3. 高瓦斯矿井中使用架线电机车，必须遵守哪些规定？

4. 接班司机如何检查蓄电池电机车的蓄电池？

5. 试述电机车司机在开车前的准备工作。

第六章　电机车的维护保养与
常见事故分析

第一节　电机车的日常维护保养

为及时消除电机车隐患,减少病态运转,达到正常操作,实现安全运输,必须对电机车进行日常维护保养和计划性检修。

一、电机车维护保养时应注意事项

(1) 维护保养工作必须是在电机车停车状态下进行,不得在行驶中进行。

(2) 用拆卸零部件的方法去检查故障、排除故障时,应在车库内进行。

(3) 行驶中的小故障处理,可在运行线路上进行,但必须取得值班调度同意后方可工作,还应设置警示标牌或信号,预防其他车辆冲撞到检修车辆,确保司乘人员安全。

(4) 被检修的车辆停稳后,要用止轮器、木楔等将机车稳住,预防检查中车辆滑动伤人。

(5) 维护电器零件时,要切断电源后进行验电,确认无误后再进行作业。架线电机车要落下集电器,拉开自动开关,切断机车架线电源。蓄电池电机车要拔开电池插销连接器,断开电源。

(6) 注意蓄电池电机车的电气设备只允许在车库内打开检修,禁止在装载车场或井下运输大巷的行车途中拆开检修。

二、电气机械的日常维护检查

（一）电机车的日常维护检查

（1）当施闸时，出现空动时间过长、制动不平稳现象应检查闸瓦与轮对的接触面积和闸瓦间隙，可视具体情况用调节螺杆调整闸瓦间隙到规定范围。对磨损余厚超过规定的、出现裂纹的闸瓦进行更换，并调整到闸瓦在 4 个轮对上的受力均衡为止。

（2）检查制动系统的制动杆、传动杆（链）及其连接零件是否正常、完整，动作是否灵活。传动件是否连接配合适当，有无松旷现象，有无润滑不良现象。

（3）对采用压缩空气制动系统的装置检查维护内容有：

① 检查控制阀手柄（或脚踏板）的灵活程度。

② 保持压力表清洁清楚。当压力表指针明显下降时，应检查制动管路的密封完好情况。

③ 每班开车前，要做一次压力试验。要在全松闸状态和全制动状态下进行，并观察压力差在正常范围内时再去出车。

④ 检查压缩空气系统时，切记不要用手去试摸缸体、缸盖和排气管部分，以免烫伤皮肤。

⑤ 在电机车运行过程中，如果空压机出现异常响声时，应立即停车检查，判断是否出现故障。

⑥ 每班工作结束后，应打开储气罐下方的放水阀门，及时排出罐中的冷凝水和废油。

⑦ 经常检查调压阀、安全阀的灵敏程度。

⑧ 检查空压机运转是否正常。

⑨ 检查空压机电动机的换向器、炭刷和刷握是否正常。

⑩ 每日至少清洗一次进气滤清器前面的滤板或滤网，预防阻塞。

⑪ 当司机离开电机车时，应及时断开空气压缩机电源。

（4）检查车轮有无裂纹，轮箍是否松动，检查车轮踏面的磨损深度。

(5) 检查齿轮箱(罩)固定是否牢靠,有无漏油情况,有无油的异味。

(6) 检查车架弹簧、吊架、均衡梁有无裂纹和严重磨损。若发现上述情况,应及时报告值班调度,并进入车库去更换可能导致事故的缺陷弹簧、均衡梁等。

(7) 检查连接装置,不得有损伤和磨损超限。

(8) 检查各紧固件,不得有松动和断裂。

(9) 检查撒砂装置是否灵活可靠,出砂口是否对准轨面中心。

(10) 检查集电器弹簧压力是否在规定范围,集电器上的滑板(或滚轮、滚棒)的磨损程度,集电器起落是否灵活,连接螺钉、销轴是否完整、齐全、紧固,不得断裂和松脱。

(11) 检查调压器的接触触头是否完好,清扫各机械部件表面的污垢。

(12) 按规定的润滑时间,用规定的润滑油脂,对各注油点进行清理、注油润滑。

(13) 检查电阻器的各接线端子和电阻元件,不得松动和断裂。

(14) 在维护保养控制器时,必须清扫干净后,再进行零部件的检查,对不符合要求的部分零部件进行修理和更换。具体检查如下:

① 换向器手把和控制器手把的螺栓销子等装置是否牢固准确、灵活可靠。

② 接触器的石棉消弧罩及消弧线圈是否完整无破裂,有无烧损、断路及短路情况。

③ 铜触头及接线是否牢固,接触是否良好,触头压力是否在规定的 $15\sim30$ N,触头互相错位是否不大于 0.5 mm,烧损修整量或磨损量是否超过原厚度的 25%,凸轮接触器的接触子烧损量修

整后其打磨量是否不超过原有厚度的 20%,连接线断量超过 25% 时是否更换。

④ 凸轮上的接触片表面不得有烧损伤痕,磨损厚度超过 25% 时应更换。

⑤ 各部分绝缘必须良好,绝缘电阻低于 0.5 MΩ 时,必须到车库彻底检查,必要时整体更换新的控制器。

(15)调整好前照明灯的光度,更换损坏的灯泡及熔断丝,熔断丝的容量必须符合要求。

(16)蓄电池电机车要检查插销连销器与电缆的连接是否牢固,防爆性能是否良好。

(17)检查轴瓦油箱情况,应使滑动轴承的温度小于 65 ℃,滚动轴承温度小于 75 ℃,清除油箱的积尘,定期注油,更换变质的污油。

(18)防爆牵引电动机的日常维护项目是:

① 电动机各绝缘级别的温度标准。当电机车停运后立即检查牵引电动机的温度不得超过下列规定:A 级绝缘的绕组 95 ℃;E 级绝缘绕组 105 ℃;B 级绝缘绕组 110 ℃;F 级绝缘绕组 125 ℃;H 级绝缘绕组 135 ℃;集电环 105 ℃;换向器 90 ℃。

② 擦除电动机表面潮气和污垢。用吹尘器(或皮老虎)清洁电动机内部。

③ 检查整流子工作表面是否光滑,有无烧痕、磨损和失圆现象。

④ 检查和校正刷握装置是否在中线上,刷握与整流子表面的间隙应保持在 3～7 mm 之间。

⑤ 用 500 V 兆欧表检查,绝缘电阻不应小于 0.5 MΩ。

⑥ 用塞尺检查电刷与刷握件内的间隙和高度应符合规定尺寸。

⑦ 用弹簧杆检查和校正电刷与整流子接触的压力,应保持在

30~40 kPa。

⑧ 检查电枢绕组、磁极绕组对地和它们之间的绝缘电阻不得低于下列规定:电动机电压在 250 V 或 550 V 时,绝缘电阻应大于 0.3 MΩ 或 0.5 MΩ,否则应对电动机内部进行干燥处理。

⑨ 检查电枢扎线是否牢固。

⑩ 检查电枢与磁靴之间的气隙,有无刮擦现象。

⑪ 检查所有紧固件,各接线是否牢固可靠,有无松脱现象。

⑫ 检查电动机防护罩是否完整,检查窗小盖密封是否良好,通风装置有无缺陷。

⑬ 检查各防爆面应保持良好性能。

(二)防爆特殊型电机车电源的日常维护

防爆特殊型蓄电池电机车的日常维护,除包括一般电机车项目外,还应对电源装置进行检查。电源装置的检查工作由充电工负责在充电室进行,其主要内容有:

(1)检查蓄电池组的连接线及极柱焊接处,看有无断裂、熔化现象。

(2)检查橡胶绝缘套有无损坏,极柱及带电部分有无裸露。

(3)检查蓄电池组有无短路现象。

(4)检查蓄电池池槽及盖有无损坏漏酸,特殊工作栓有无丢失或损坏,帽座有无脱落,蓄电池封口剂是否开裂漏酸。

(5)每周检查一次漏电电流,其值不得超过表 6-1 的规定。

表 6-1 防爆特殊型电机车电源电流规定

电源装置额定电压/V	允许最大漏电电流/mA
≤60	100
60~100(含 100)	60
100~150(含 150)	45

（6）检查电源插销连接器是否完好。

（7）检查蓄电池箱及箱盖有无严重变形。

若上述各项中一项有问题，即为失去防爆性能，必须停止使用，进行处理。

酸性蓄电池日常使用应注意的事项有：

（1）蓄电池在使用中一定要避免过放电，放电终止后不得低于每只蓄电池端电压 1.75 V 的总和数（即 1.75 V×蓄电池个数）。

（2）蓄电池在使用中每 50 次充放循环，要进行一次恢复容量充电，然后按 5 h 放电率进行放电，放电完后逐个进行测量电压，如有的电池容量低于额定容量的 80%，则此电池寿命终止，应换掉，以免影响整组蓄电池的容量。

（3）对放电后的蓄电池，必须在很短的时间内进行充电，最长时间不能超过 12 h，以免极板硫化而使极板损坏。

（4）在使用中，各接线柱及接线处必须牢固，不准有松动现象，不得过热。

（5）要经常保持接线柱清洁，无锈蚀、无腐蚀，电池四周要保持清洁，无电解液、无尘土。

（6）蓄电池电压应符合规定，蓄电池箱应稳妥，锁紧装置应可靠，以免损坏蓄电池。

三、电机车的润滑

电机车内部的运动构件，工作时的位置准确、灵活，是保证电机车安全行驶的条件之一。运动构件的准确工作位置又决定于构件中各零件相互接触面的间隙和润滑效果。

润滑效果不好时，就会使电机车的工作性能恶化，运动构件的零件就会磨损，甚至出现运行故障。例如，轴箱中的轴承、减速箱中的齿轮、制动系统中连接杠杆的销轴和孔之间，没有足够的油去润滑，它们之间就会产生半干摩擦或者干摩擦。干摩擦会使轴承温度升高,磨损轴件甚至形成局部烧结而不能旋转;使齿轮表面磨损甚至发生齿牙崩块断齿而不能传递动力;使制动杠杆的销轴、孔磨损,形成制动时的"卡滞"现象,使制动失灵,甚至造成电机车行驶中停不住车而出现事故。所以必须对电机车所需润滑的各工作机构的零部件位置作出定期润滑时间制度表,保证电机车行驶中有良好的性能。定期润滑时间制度见表 6-2。

表 6-2 润滑制度表

润滑点位置	润滑件名称	周期	润滑剂	添加量/g
1	制动杆销轴	1 次/周	钙钠基润滑脂 ZGN-2	5
2	轴瓦支承销	1 次/周	钙钠基润滑脂 ZGN-2	5
3	连接器连接销	1 次/周	钙钠基润滑脂 ZGN-2	5
4	轴承座	1 次/月	钙钠基润滑脂 ZGN-2	20
5	支承弹簧	1 次/月	钙钠基润滑脂 ZGN-2	5
6	制动杠杆支承销	1 次/周	钙钠基润滑脂 ZGN-2	5
7	减速箱齿轮	1 次/半年	机械油 HJ-50	3 000
8	制动丝杆	1 次/周	机械油 HJ-50	20
9	制动丝杆轴承室	1 次/半年	钙钠基润滑脂 ZGN-2	30
10	制动横背拉杆销	1 次/周	钙钠基润滑脂 ZGN-2	5

当闻到油质产生化学变化发出的异常味道时,如果是轴承发出的,应将轴承清洗干净,再按规定加润滑油脂至储油空间的1/3,过多会导致温度上升;若是油箱的,应清洗油箱及油箱中的齿轮等,清洗干净后再加入规定的润滑油,油量位置为大齿轮高度的1/3。

四、电机车常见故障分析与预防

电机车常见故障分析与预防见表 6-3。

表 6-3 　　　　　　　　　**电机车常见故障分析与预防**

故障现象	产生原因	预防方法
电机车牵引力太小	1. 主动轮对缘表面有油污 2. 轨道表面有水或污物 3. 双电机只有一台工作	1. 清理油污 2. 清理水或污物 3. 维修控制器或电动机接线
电机车牵引速度低	1. 供电线路电压偏低 2. 列车的矿车数偏多 3. 晶闸管脉冲调速装置元器件损坏	1. 升高线路电压达到额定值 2. 减少矿车数 3. 检修并更换损坏的电器元件
电机车运行冲击力大	1. 启动过程操作不当 2. 弹簧托架的钢板折断 3. 车轮轮箍磨损严重并失圆 4. 轨道变形	1. 按规程操作 2. 更换弹簧钢板 3. 更换轮对或轮箍 4. 维修轨道
电动机不能正常启动	1. 电枢绕组、励磁绕组接线因焊接不良或炭刷压力过大而开路 2. 整流子火花太大，温升过高而开焊 3. 换向器的焊点断开 4. 炭刷过度磨损，压力不足 5. 集电弓损坏或与架空线接触不良 6. 晶闸管脉冲调速装置电器元件损坏 7. 供电线路电压低于规定值	1. 检查炭刷压力，维修线路 2. 维修整流子和线路 3. 维修焊接点 4. 更换炭刷 5. 维修或更换集电弓 6. 检查维修、更换损坏电器元件 7. 升高线路电压达到额定值
电动机过热	1. 牵引的矿车数太多 2. 电机车频繁启动 3. 电动机轴承润滑油过多 4. 电枢绕组短路 5. 传动装置有故障	1. 减少矿车数 2. 避免短时间内多次启动 3. 减少轴承润滑油的量 4. 维修电枢绕组 5. 检查并维修

故障现象	产生原因	预防方法
电动机声音异常	1. 轴承过度磨损或损坏 2. 轴承润滑油不足或不洁 3. 炭刷压力过大 4. 固定磁极的螺钉松动 5. 整流子失圆或损坏	1. 更换轴承 2. 补充或更换润滑油 3. 调整炭刷压力 4. 拧紧松动的螺钉 5. 维修整流子
电动机轴承过热	1. 轴承损坏 2. 润滑油不足或不洁	1. 更换轴承 2. 补充或更换润滑油
轴承箱过热	1. 轴承箱与车轮轮毂的间隙过小 2. 箱内润滑油时间太长或不洁 3. 轴承损坏或轴承内、外圈及滚柱表面有损伤和疲劳麻点	1. 适当增大二者间的间隙 2. 更换润滑油 3. 更换轴承
齿轮箱有异常噪声	1. 齿轮箱磨损严重,有剥蚀或断齿,或箱内有异物 2. 润滑油量不足或不洁 3. 操作不当,即电机车前进时突然过渡到后退,产生强大冲击	1. 检查更换齿轮,排除异物 2. 补充或更换润滑油 3. 按规程操作
撒砂不灵活	1. 砂子的粒度偏大,含土量大 2. 砂子太潮湿或砂箱进水 3. 操纵杆等操作不灵活	1. 选用符合要求的砂子 2. 选用干砂并防止砂箱进水 3. 调整操纵杆

第二节　电机车常见故障分析

根据全国煤矿发生的各类事故统计数据显示,电机车运输事故在运输事故中占有较大的比例,所以,有必要对常见的电机车事故进行分析,引以为戒,及时消除隐患,防范事故的发生。

一、电机车运行环境因素事故分析

由于煤矿井下架线式电机车的特殊供电系统,容易造成事故。电机车的供电系统是交流电在变流所整流后,正极接在架空线上,负极接在轨道上。架空线是沿运行轨道上空架设的裸导线,机车上的集电弓与架空线接触,将电流引入车内,经车上的控制器和牵引电动机,再经轨道流回。运输大巷中的架空线变形,松脱下垂严重失修时,架空线高度达不到《煤矿安全规程》规定高度时,个别架线固定点被机车的集电器刮坏有随时掉落危险时,都会使人员触电。若不及时维修,当架空线掉落到轨道上就会造成更大的电气事故。

二、电机车设备造成的事故原因分析

(一) 电机车的机械事故原因分析

1. 制动距离达不到规定的要求

主要原因是制动装置不良或牵引超载。

(1) 闸瓦磨损过限未及时更换;松闸状态时,闸瓦与轮踏面的间隙大于 5 mm。

(2) 制动系统的螺杆、螺母、销轴及孔磨损超限。

(3) 吊杆、连杆歪斜,闸瓦工作时接触不良。

(4) 未按规定牵引负载,超载严重。

2. 撒砂管不撒砂

主要原因是:

(1) 砂不干燥,已结块。

(2) 砂管堵塞。

(3) 撒砂操作杆变形(开动、动作机构不灵活)。

3. 齿轮传动有异响

主要原因是:

(1) 齿轮罩固定螺栓松动,齿轮传动时由于振动而出声;严重时螺栓丢失,齿轮罩掉下。

(2) 齿轮罩歪斜,与齿轮或轮对摩擦。

(3) 齿轮磨损超限或打齿。

(4) 牵引电动机与轮对的滑动轴承磨损超限,使齿轮的啮合不好。

4. 轮对轴承温度高,轮对轴承外壳温度超过 75 ℃

主要原因是:

(1) 轴承缺油或损坏。

(2) 轴承外套与轴承箱松动,发生相对转动。

(3) 轴承间隙太小。

(4) 轴承外盖歪斜卡轴承。

5. 电机车行走时突然车身歪斜左右摇晃

主要原因是:

(1) 轮对断轴。

(2) 轮箍松脱。

(3) 车体板弹簧折断。

(4) 牵引电动机悬挂装置松脱。

遇有这种情况时应立即停车检查,通知运输调度,用平板车将损坏一端抬起,并绑好,将电机车拉回车库修理。

(二) 电机车的电气事故原因分析

1. 启动中常见的事故及处理

(1) 控制器闭合后,电机车不走,主要是由电气线路某些部位断路所引起。通常有以下几种部位断路:

① 集电弓断路。由于弹簧压力不足使滑板未与架线接触,或电源线折断,接线端子松脱,造成电机车无电(此时照明灯不亮),控制手柄在任何位置电机车都不行走。此时应根据检查情况进行处理。

② 低压断路器断路。由于触头烧损、脱落,电源线折断,接线端子脱落或电磁线圈断路造成控制回路无电压,控制手柄在任何位置电机车都不行走。此时应根据情况检查处理。

③ 控制器应该导通的部分断路。由于主触头或辅助触头脱落,接触不良,导线松脱折断所引起,造成控制手柄在各个位置电机车都不能行走或部分启动位置电机车不行走。这个情况可根据

电机车的接线图进行判断处理。

④ 启动电阻器断路。会造成控制手柄在任何位置电机车都不能启动。此时应根据电机车不行走时的不同启动位置判断某段启动电阻器的断路。

⑤ 牵引电动机的内部断路。可能是主磁极或换向磁极绕组断路,连接导线接线端子断路,电刷与整流子接触不良,而造成电机车不能启动。此时,电机车应入库检查处理。

⑥ 电机车主电路接地线断路时,应检查控制器和电动机接地导线是否折断,接线端子是否松脱,并进行相应处理。

（2）控制器闭合后,某个方向电机车不行走。主要是换向器的某电刷与换向片接触不良,或连接导线断路。

（3）控制器闭合后,低压断路器跳闸。主要是由电气线路某些部位接地产生过电流所引起。低压断路器跳闸后不得强行送电,必须找出原因,处理好后再送电。电机车各电器元件或设备易造成以下几种部位接地:

① 控制器凸轮接触器触头接地。

② 控制器换向接触器触头接地。

③ 启动电阻器接地。

④ 牵引电动机内部线路接地。

（4）控制器闭合后,启动速度快。主要原因可能是:启动电阻器短路,牵引电动机励磁绕组中某线圈短路。

（5）控制器闭合后,启动速度慢。主要是由于控制器线路中某些触头、连接导线短路或断路,造成单电动机运转或启动电阻器应该断开的却没有断开。此时,应根据原理接线图分段查找处理。

（6）电机车运行方向与换向手柄指示的方向相反。主要是由于牵引电动机励磁绕组或换向绕组与正负电源线接反。

（7）控制手柄在零位,集电弓与架线接触时,低压断路器跳闸。主要是低压断路器动触头或控制器的电源线接地;也可能是控制器部分静触头接地。

2. 控制中常见的事故及处理

(1) 控制器手柄由低位置向高位置转换时,电机车速度变化不大,或速度下降。主要原因是:

① 控制器内应该闭合的触头没有闭合,应该断开的启动电阻器没有断开,此时电机车运行的速度变化不大。

② 串联运行中单电动机运转。这是由控制器内触头和连接导线接地所造成。

③ 并联运行中单电动机运转。这是由控制器内触头和连接导线断路所造成。

(2) 低压断路器突然跳闸。主要由电气系统主电路中某些部位短路或接地造成,其原因除电机车启动过程中低压断路器跳闸外,还有以下原因:

① 并联运行时处于单电动机运行,在负荷不减的情况下,此时运转的单电动机承受两个牵引电动机的负荷,从而产生过电流,使低压断路器跳闸。

② 牵引电动机整流子表面火花过大,弧光与牵引电动机外壳短接,使低压断路器跳闸。

③ 牵引电动机温升过高,电动机导体绝缘受到破坏而造成短路或接地。

(3) 控制手柄由高位置向低位置转换时内部触头有火花。主要由静触头上消弧装置失效而引起,其原因可能是:

① 触头消弧线圈短路。

② 消弧罩损坏,不起消弧作用。

③ 各触头闭合与断开的动作不协调(某些凸轮磨损过限)。

④ 操作不当或负荷过大。

(4) 控制手柄操作卡劲或闭锁装置失灵。主要原因是:

① 控制器转轴轴承缺油或损坏,使操作手柄卡劲。

② 闭锁装置固定上下卡子用的销子的螺栓松动,或开口销丢失,使上下卡子失控。

③ 卡子滚轮或卡钩磨损。

④ 定位弹簧丢失。

(5) 行走中突然无电压使电机车速度下降以致停止。主要是牵引网路停电或电机车电气系统电源回路断路,其原因是:

① 集电弓有局部接地,使变电所接地保护装置跳闸,牵引网路停电。

② 集电弓与架空线接触不良或集电弓电源线断路。

③ 控制器内部应该接触的触头接触不严,或连接导线断路。

④ 启动电阻器断路。

⑤ 牵引电动机的主磁极或换向极绕组和电刷断路。

遇有牵引网路停电时,应拉下集电弓,检查集电弓各部有无上述问题,并及时向运输调度汇报电机车的情况,再行处理。

3. 制动时常见的故障及处理

(1) 制动力矩小。主要原因是制动电阻不能短接。可以通过制动力矩小的不同位置,判断某段制动电阻的短接。

(2) 无制动力矩。主要是由于在制动电路中,双电动机未能形成并联回路,原因可能是:

① 控制器主触头不能闭合或此段连接导线断路。

② 控制器触头不能闭合或此段连接导线断路。

(3) 仅单一运转方向无制动力矩。这个情况一般在控制器检修后试车中产生,主要原因可能是换向器的换向片错位。

(三) 电机车行驶中的事故原因分析

1. 运行中的电机车电流突然增大

在排除电气故障后,可能是有被牵引的矿车脱轨。

2. 电机车过道岔时,电机车或列车掉道脱轨

主要原因是:

（1）道岔尖闭合不严或磨损超限。

（2）道岔轨距过大或护轨工作边与心轨间距不符合标准。

（3）司机操作不当，电机车在道岔上被惯性滑动的列车推落。

3．运行中电机车突然脱轨掉道

主要是轨距超大，道钉、轨距拉杆失效。

4．列车通过曲线时掉道

原因可能是：

（1）列车行驶速度太快。

（2）曲线外轨超高不足。

（3）曲线半径小。

（4）曲线内轨未加宽。

处理电机车或列车掉道事故时，必须先将掉道的电机车或列车车辆同未掉道的车辆解体，然后借助复轨器由本电机车或其他电机车牵引上道，无效时，需要人工用杠杆撬动复轨。处理这些事故时，必须有专人指挥，务必注意处理事故人员的安全。

（四）电机车的安全设备事故原因分析

电机车处于故障状态或不完好状态运行，比如机车的闸、灯、警铃（喇叭）、连接装置和撒砂装置，任何一项不正常或防爆部分失去防爆性能时，仍使用该电机车就会造成安全事故。

闸即制动装置，是为了在运行中迅速减速和停车之用。制动装置有机械的和电气的两种，电气制动装置不能使电机车完全停住，因此每台电机车都装有机械制动装置。照明装置是为电机车提供照明，创造良好的工作条件专设的。撒砂装置的作用是向机车车轮前的钢轨上撒砂，以增大黏着系数，提高机车的牵引力的制动力，防止车轮打滑。

以上安全设备装置是保证电机车安全运行的最基本也是最重要的安全设备，由于这些设备的损坏或不具备安全性，容易造成重大伤害事故。

复习思考题

1. 如何检查施闸时出现空动时间过长,制动不平稳现象?
2. 电机车为什么要进行润滑?
3. 简述电机车运行冲击力大的原因。
4. 简述电动机轴承过热的原因及预防措施。
5. 电机车运行方向和换向手柄的指示方向相反是什么原因?
6. 制动力矩小的主要原因有哪些?
7. 简述电机车过道岔时,电机车或列车掉道脱轨的原因。
8. 什么原因会造成列车通过曲线时掉道?
9. 简述处理掉道的方法及注意事项。
10. 简述电机车牵引力太小的原因和预防方法。
11. 简述撒砂不灵活的原因和预防方法。
12. 试述压缩空气制动系统装置检查维护内容。
13. 试分析控制器手柄由低位置向高位置转换时,电机车速度反而下降的主要原因。
14. 试述电机车不能正常启动的原因及预防方法。

第七章　常用工具、仪表的使用与维护

第一节　常用工具的使用与维护

一、验电器的使用和使用时的安全要求

（一）验电器的使用方法

低压验电器（电笔）使用时，正确的握笔方法如图 7-1 所示。手指触及其尾部金属体，氖管背光朝向使用者，以便验电时观察氖管辉光情况。当被测带电体与大地之间的电位差超过 60 V 时，用电笔测试带电体，电笔中的氖管就会发光。低压验电器电压测试范围是 60～500 V。

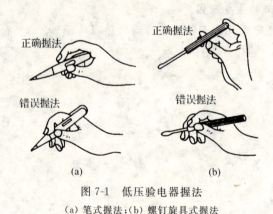

图 7-1　低压验电器握法

（a）笔式握法；（b）螺钉旋具式握法

（二）验电器的使用要求

（1）验电器使用前应在确有电源处测试检查，确认验电器良好后方可使用。

（2）验电时应将电笔逐渐靠近被测体，直至氖管发光。只有在氖管不发光时，并在采取防护措施后，才能与被测物体直接接触。

（三）低压验电器的用途

低压验电器可以区别相线与零线，区别电压高低，区别直流电与交流电，区别直流电的正负极性，识别相线碰壳等。

二、电烙铁的使用

应根据焊头的工作温度选用电烙铁。对于一般焊点，选 20 W 或 25 W 为好。它体积小，便于操作且温度合适，如在印刷板上焊接晶体管、电阻和电容等。

焊接较大元件时，如控制变压器、扼流圈等，因焊点较大，可选用 60～100 W 的电烙铁。在金属框架上焊接，选用 300 W 的电烙铁较合适。

使用新电烙铁时，应首先清除电烙铁头斜面表层的氧化物，接通电源，蘸上松香和焊锡，让熔状的焊锡薄层始终贴附在电烙铁头斜面上，以保护电烙铁头和方便焊接。

较长时间不使用电烙铁时，应断开电源。不能让电烙铁在不使用的情况下长期通电。暂时不用时，应将电烙铁头放置在金属架上散热，并避免电烙铁的高温烧坏工作台及其他物品。

在使用电烙铁时，不准甩动电烙铁，以免熔化的焊锡飞溅烫伤他人。

三、喷灯的使用及使用时的注意事项

喷灯是一种利用喷射火焰对工件进行加热的工具。

（一）喷灯的使用方法

（1）旋下加油阀的螺栓，加注相应的燃料油，注入筒体的油量应低于筒体高度的 3/4。加油后旋紧加油口的螺栓，关闭放油阀阀杆,擦净洒在外部的油料。检查喷灯各处,不应有渗漏现象。

（2）在预热燃烧盘中倒入油料,点燃、预热火焰喷头。

（3）火焰喷头预热后,打气 3～5 次,将放油调节阀旋松,喷出油雾,燃烧盘中火焰点燃油雾;再继续打气到火力正常为止。

（4）熄灭喷灯时,应先关闭放油调节阀,火焰熄灭后再慢慢旋松加油口螺栓,放出筒体内的压缩空气。

（二）使用时的注意事项

（1）煤油喷灯不得加注汽油燃料。

（2）汽油喷灯加油时应先熄火,且周围不得有明火。打开加油螺栓时,应慢慢旋松加油螺栓,待压缩气体放完后,方可开盖加油。

（3）筒体内气压不得过高,打气完毕应将打气手柄卡牢在泵盖上。

（4）为防止筒体过热发生危险,在使用过程中筒体内的油量不得少于筒体容积的 1/4。

（5）对油路密封圈与零件配合处应经常检查维修,不得有渗漏跑气现象。

（6）使用完毕,应将喷灯筒体内气体放掉,并将剩余油料妥善保管。

四、钢丝钳的使用及使用时的注意事项

钢丝钳的使用方法如图 7-2 所示。

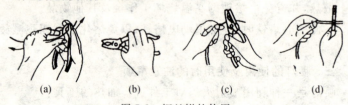

（a）　　　　　　（b）　　　　　　（c）　　　　　　（d）

图 7-2　钢丝钳的使用

（a）用刀口剥削导线绝缘层;（b）用齿口扳旋螺母;

（c）用刀口剪切导线;（d）用铡口铡钢丝

使用钢丝钳时应注意的事项：

（1）电工用钢丝钳在使用前，必须保证钢丝钳的绝缘手柄的绝缘性能良好，以保证带电作业时的人身安全。

（2）用钢丝钳剪切带电导线时，严禁用刀口同时剪切相线和零线，或同时剪切两根相线，以免发生短路事故。

五、电工刀的使用及安全常识

使用电工刀时，刀口应朝外部切削，切忌面向人体切削。剖削导线绝缘层时，应使刀面与导线成较小的锐角，以避免割伤线芯。因电工刀刀柄无绝缘保护，所以不能接触或剖削带电导线及器件。新电工刀刀口较钝，应先开启刀口然后再使用。电工刀使用后应随即将刀身折进刀柄，注意避免伤手。

六、千分尺的使用

千分尺的结构如图 7-3 所示。

（一）千分尺的使用

测量前应将千分尺的测量面擦拭干净，检查固定套管中心线与活动套筒的零线是否重合，活动套筒的轴向位置是否正确，若有问题必须进行调整。测量时，将被测件置于固定测砧与测微螺杆之间，一般

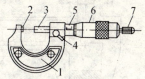

图 7-3　千分尺

1——弓架；2——固定测砧；

3——测微螺杆；4——制动器；

5——固定套筒；6——活动套筒；

7——棘轮

先转动活动套筒，当千分尺的测量面刚接触到工件表面时，改用棘轮，即可读数。

（二）读数方法

读数时要先看清楚固定套筒上露出的刻度线，此刻度可读出毫米或半毫米的读数；然后再读出活动套筒刻度线与固定套筒中心线对齐的刻度值（活动套筒上的刻度每一小格为 0.01 mm），最后将两读数相加就是被测件的测量值。

读数举例如图 7-4 所示。

（三）使用时的注意事项

使用千分尺时，不得强行转
动活动套筒；不要把千分尺先固
定好后再用力向工件上卡，以避
免损伤测量面或弄弯螺杆。千

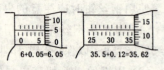

图 7-4　千分尺的读数

分尺用完后应擦拭干净，涂上防锈油存放在干燥的盒子中。为保
证测量精度，应定期检查校验。

七、游标卡尺的使用

游标卡尺如图 7-5 所示。

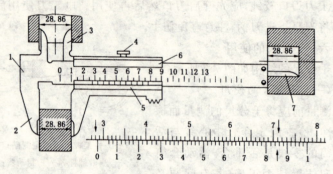

图 7-5　游标卡尺及量值读数

1——尺身；2——外测量爪；3——内测量爪；4——紧固螺钉；
5——游标；6——尺框；7——深度尺

（一）游标卡尺的使用

使用前应检查游标卡尺是否完好，游标零位刻度线与尺身零
位线是否重合。测量外尺寸时，应将两外测量爪张开至稍大于被
测件。测量内尺寸时，则应将两内测量爪张开至稍小于被测件，并
将固定量爪的测量面贴紧被测件，然后慢慢轻推游标，使两测量爪
的测量面紧贴被测件，拧紧固定螺钉，读数。

（二）读数

读数时,首先从游标的零位线所对尺身刻度线上读出整数的毫米值,再从游标上的刻度线与尺身刻度线对齐处读出小数部分的毫米值,将两数值相加即为被测件的测量值。游标卡尺读数示例如图 7-5 所示。

游标卡尺使用完毕应擦拭干净,长时间不用时,应涂上防锈油保管。

八、塞尺的使用

塞尺又称测微片或厚薄规。使用前必须先清除塞尺和工件的污垢与灰尘。使用时可用一片或数片重叠插入间隙,以稍感拖滞为宜。测量时动作要轻,不允许硬插,也不允许测量温度较高的零件。

九、手动压接钳

国产 LTY 型手动压接钳如图 7-6 所示。用压接钳对导线进行冷压接时,应先将导线表面的绝缘层及油污清除干净,然后将两根需要压接的导线头对准中心,在同一轴上,最

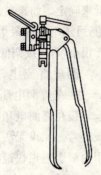

图 7-6　LTY 型
手动压接钳

后用手扳动压接钳的手柄,压 2～3 次。铝—铜接头应压 3～4 次。

国产 LTY 型手动压接钳可以压接直径为 1.3～3.6 mm 的铝—铝导线和铝—铜导线。

第二节　常用仪表的使用

一、万用表的使用方法

万用表由一只高灵敏度的磁电式表头、分流器、附加电阻、整流器、转换开关及干电池等组成,利用转换开关来达到测量电压、电流和电阻的目的。现以 MF47 型万用表(图 7-7)为例,来说明

其使用方法。

（一）电压的测量

首先把选择开关拨到测量电压挡上，两表笔与被测电路并联。

测量直流电压时将选择开关转到"V"符号，测量交流电压时将开关转到"V～"符号，所需的量程由被测电压的高低来确定。如果被测量电压的数值不知道，可选用表的最大测量范围，若指针偏转很小，再逐级调低到合适的测量范围。

测量直流电压时，万用表红表笔（＋）接在待测电压的正端（＋），黑表笔

图 7-7　MF47 型万用表

（一）接在待测电压的负端（一），不要接反，否则指针会逆向偏转而被打弯。如果无法弄清电路的正负时，可选用较高的测量范围挡，用两根表笔很快地碰一下测量点，看清表针的指向，确定正负电位。

（二）直流电流的测量

先将选择开关放在"mA"范围内的适当量程位置上，将万用表串联到被测电路中，测量前要检查表笔极性，一般在万用表的接线柱边注有"＋"和"一"标记，有"＋"号的是电流流进的一端，有"一"号的是电流流出的一端。

（三）电阻的测量

把选择开关放在"Ω"范围内的适当量程位置上，先将两根表笔短接，旋动"Ω"调零旋钮，使表针指在电阻刻度的"Ω"0 上（如果调不到"Ω"0 上，说明表内电池电压不足，应更换新电池），然后用表笔测量电阻。表盘上×1、×10、×100、×1 k、×10 k 的符号，表示倍率数，从表头的读数乘以开关的倍率数，就是所测电阻的阻值。例如，将选择开关放在×1 k 的倍率上，若表头上的读数是25，则这只电阻的阻值是 25×1 k＝25 k（Ω）。

（四）万用表使用时的注意事项

（1）测量前应将表笔插入正确的位置。例如，红表笔插入"＋"的插孔内，黑表笔插入"－"的插孔内，改变测量项目时，应检查表笔是否插入相应的插孔内。

（2）测量前，先检查万用表的指针是否在零位，如果不在零位，可用螺丝刀在表头的调零螺丝上慢慢地把指针调到零位，然后再进行测量。

（3）在测量过程中，手不要触及金属触针，以保证安全和准确性。

（4）如不知被测电压及电流的大小时，应首先使用大量程挡，然后再根据指针偏转的大小改变量程，直至指针合适为止。

（5）测量直流电流或电压时，如不知被测项目的极性，可用大量程挡，用表笔快接快离，根据指针的方向来判断正负极。

（6）测量电阻前或改变电阻挡时，都应调正零点，然后再进行测量。

（7）测量完毕后可将万用表笔取下，再把万用表的选择开关拨到高电压挡上，以便更好地保护表头。

二、摇表的使用方法

测量绝缘电阻的仪表叫摇表，因绝缘电阻的计量单位是兆欧，也称兆欧表。一兆欧等于一百万欧（1 兆欧 ＝ 10^6 欧），常用"MΩ"表示，目前煤矿常用的摇表主要有 ZC25 型和 ZC11 型两种，其规格见表 7-1。

表 7-1　　　　　　　　常用兆欧表型号规格

型号	级别	规定电压/V	测量范围/MΩ
ZC25-1	1.0	100	0～100
ZC25-2	1.0	250	0～250
ZC25-3	1.0	500	0～500
ZC25-4	1.0	1 000	0～1 000

续表 7-1

型号	级别	规定电压/V	测量范围/MΩ
ZC11-1	1.0	100	0～500
ZC11-2	1.0	250	0～1 000
ZC11-3	1.0	500	0～2 000
ZC11-4	1.0	1 000	0～5 000
ZC11-5	1.0	2 500	0～10 000
ZC11-6	1.0	100	0～20
ZC11-7	1.0	250	0～50
ZC11-8	1.0	500	0～100
ZC11-9	1.0	20	0～200
ZC11-10	1.0	2 500	0～2 500

摇表的用途很广,不但可以测量高值电阻,而且可以检查电气设备及电缆的绝缘程度好坏,以便在保证电气质量标准的要求下,安全通电运转。

（一）摇表的选用

在实际工作中,根据被测对象来选用不同电压和电阻测量范围的摇表。按规定,测量额定电压在 500 V 以上的电气设备绝缘时,应用 1 000 V 摇表;测量 500 V 以下的电气设备用 500 V 摇表。电阻的测量范围,一般不要使其测量范围过多地超出所需测量的绝缘电阻值,以免使读数产生较大的误差。测量低压电气设备或电缆绝缘电阻可选用 500 V 或 1 000 V,0～500 MΩ 的摇表;测定高压电气设备、电缆可选用 2 500 V,0～2 500 MΩ 的摇表。

（二）摇表的使用方法

摇表有三个接线柱:一个为线路（L）接线柱,在测试时应和被测物与大地绝缘的导电部分相连接;另一个为地线（E）接线柱,在测试时应与被试物的地线或外壳相连接;还有一个屏蔽环（G）接线柱,当测量电缆的绝缘电阻时,为了使测量结果准确,消除线芯绝缘层表面电流所引起的测量误差,其接线法除了用线路（L）和接地(E)接线柱外,还需用屏蔽环(G)接线柱,测量时将屏蔽环(G)接线柱引接到电缆的绝缘纸上,如图7-8所示。

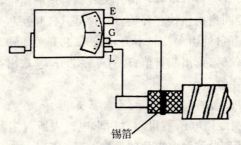

锡箔

图 7-8　测量电缆绝缘电阻接线图

（三）摇表使用时的注意事项

（1）测量电气设备的绝缘电阻时,必须先切断电源,然后将设备进行放电,以保证人身安全和测量准确。

（2）摇表的连接引线必须使用绝缘良好的多股软线。两根绝缘线切勿缠绕在一起,同时两根绝缘线最好用不同颜色的,以便识别。

（3）使用时摇表应放在水平位置,先转动摇表,试验表的指针是否指在"∞"处,再将线路(L)和接地(E)两根绝缘线短接,慢慢地转动摇表,看指针是否指在"0"处。若能指在"0"处,则说明摇表是好的,可以测量,否则不能使用。

（4）在测量过程中,摇表的转速应保持 $120 \sim 150$ r/min,转速应均匀稳定,不要时慢时快,以免测量不准确。

（5）测量大电容的电气设备的绝缘电阻时(电缆、电容器等),应有一定的充电时间。测试完毕后应及时将被试物放电,避免被试物向摇表倒充电而损坏表头。

三、钳形电流表的使用

钳形电流表是一种不需断开电路即可测量电流的电工用

仪表。

（一）钳形电流表的使用方法

使用时，首先将其量程转换开关转到合适的挡位，手持胶木手柄，用食指等四指钩住铁芯开关，用力一握，打开铁芯开关，将被测导线从铁芯开口处引入铁芯中央，松开铁芯开关使铁芯闭合，钳形电流表指针偏转，读出测量值；再打开铁芯开关，取出被测量导线，即完成测量工作。

（二）钳形电流表使用时的注意事项

（1）被测线路电压不得超过钳形电流表所规定的使用电压，防止绝缘击穿，导致触电事故的发生。

（2）若不清楚被测电流大小，应由大到小逐级选择合适挡位进行测量，不能用小量程挡位测量大电流。

（3）测量过程中，不得转动量程开关。需要转换量程时，应先脱离被测线路，再转换量程。

（4）为提高测量的准确度，被测导线应置于钳口中央。

四、转速表的使用

转速表是用来测量电动机转速的线速度的仪表，使用时应使转速表的测试轴与被测轴中心在同一水平线上，表头与转轴顶住，测量时手要平稳，用力合适，要避免滑动，发生误差。

转速表在使用时，若对欲测转速心中无数，量程选择应由高到低，逐挡减小，直到合适为止。不允许用低速挡测量高速，以避免损坏表头。

测量线速度时，应使用转轮测试头。测量的数值按下面公式计算：

$$\omega = Cn$$

式中　　ω——线速度，m/min；

　　　　C——滚轮的周长，m；

　　　　n——转速，r/min。

五、仪表的维护保养

（1）在搬动和使用仪表时，不得撞击振动，应轻拿轻放，以保证仪表测量的准确性。

（2）应保持仪表的清洁，使用后应用细软洁净布擦拭干净；不使用时，应放置在干燥的箱柜里保存，避免因潮湿、曝晒以及腐蚀性气体对仪表内部线圈和零件造成霉断和接触不良等损坏。

（3）仪表应设专人保管，其附件和专用线应保持完整无缺。

（4）常用电工仪表应定期校验，以保证其测量数据的精度。

复习思考题

1. 试述验电器的使用方法。
2. 简述兆欧表的选用原则及使用时的注意事项。
3. 简述万用表的使用方法及注意事项。
4. 试述仪表的维护和保养。

第三部分
中级电机车司机知识要求

第八章　机械识图与制图

第一节　正投影的基本概念

一、投影法

日光照射物体,在地上或墙上产生影子,这种现象叫做投影。一组互相平行的投影线与投影面垂直的投影称为正投影。正投影的投影图能表达物体的真实形状,如图 8-1 所示。

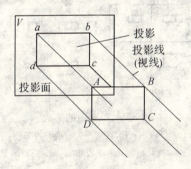

图 8-1　正投影法

二、三视图的形成及投影规律

（一）三视图的形成

如图 8-2(a)所示,将物体放在三个互相垂直的投影面上,使物体的主要平面平行于投影面,然后分别向三个投影面作正投影,得到的三个图形称为三视图。三个视图分别为:

主视图:是向正前方投影,在正面(V)上所得到的视图。

俯视图:是由上向下投影,在水平面(H)上所得到的视图。

左视图:是由左向右投影,在侧面(W)上所得到的视图。

在三个投影面上得到物体的三视图后,须将空间互相垂直的三个投影展开摊平在一个平面上,展开投影面时应正面保持不动,将水平面和侧面按图 8-2(b)中箭头所示的方向旋转 90°,得到图 8-2(c)。为使图形清晰,去掉投影轴和投影面线框,就得到常用的三视图,如图 8-2(d)所示。

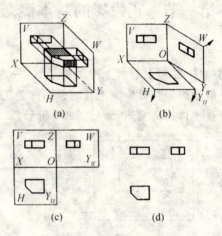

图 8-2　三视图的形成
(a) 直观图;(b) 按箭头方向展开投影面;
(c) 投影面展开后的投影图;(d) 三视图

(二) 投影规律

1. 视图间的对应关系

从三视图中可以看出:主视图反映了物体的长度和高度;俯视图反映了物体的长度和宽度;左视图反映了物体的高度和宽度。由此可以总结出如下投影规律:

主视图、俯视图中相应投影的长度相等,并且对正;

主视图、左视图中相应投影的高度相等,并且平齐;

俯视图、左视图中相应投影的宽度相等。

归纳起来,即"长对正,高平齐,宽相等",如图 8-3 所示。

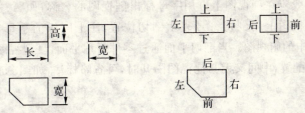

图 8-3 三视图的"三等"关系　　图 8-4 物体与视图的方位关系

2. 物体与视图的方位关系

物体各结构之间都具有 6 个方向的相互位置关系,如图 8-4 所示。物体与三视图的方位关系如下:

主视图反映出物体的上下左右位置关系;

俯视图反映出物体的前后左右位置关系;

左视图反映出物体的前后上下位置关系。

以主视图为基准,俯视图与左视图中,远离主视图的一方为物体的前方,靠近主视图的一方为物体的后方,即存在"近后远前"的关系。

第二节　剖视图与剖面图

一、剖视图

为揭示零件内部结构,用一假想剖切平面剖开零件,按投影关系所得到的图形称为剖视图。

(一)全剖视图

用一个剖切平面将零件完全切开所得的剖视图,称为全剖视图。

在图 8-5(a)中,外形为长方体的模具零件中间有一 T 形槽,用一水平面将零件的 T 形槽的水平槽完全切开,在俯视图得到的就是全剖视图,如图 8-5(b)所示。

　　一般应在剖视图上方用字母标出剖视图的名称,如 $A—A$,并在相应视图上用剖切符号表示剖切位置,注上同样的字母,如图 8-5(b)中的俯视图。当剖切平面通过零件对称平面,且剖视图按投影关系配置,中间又无其他视图隔开时,可省略标注,如图8-5(b)中左视图。

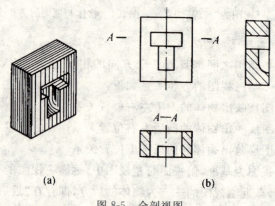

(a)　　　　　　　　　　　　　(b)

图 8-5　全剖视图

(二)半剖视图

　　以零件对称中心线为界,一半画成剖视,另一半画成视图,称为半剖视图。

　　图 8-6 中的俯视图即为半剖视图,其剖切方法如图 8-6(b)所示。半剖视图既充分地表达了零件的内部形状,又保留了零件的外部形状。需要同时表达对称零件的内外结构时,常采用此种方法。

　　半剖视图的标注与全剖视图相同。

(三)局部剖视图

　　用剖切平面局部地剖开零件所得到的剖视图,称为局部剖视图。

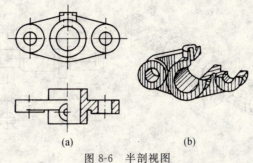

(a)　　　　　　　　　(b)

图 8-6　半剖视图

　　图 8-7 所示零件的主视图采用了局部剖视图做法。局部剖视图既能把零件局部的内部形状表达清楚，又能保留零件的某些外形。其剖切范围可根据需要而定，是一种灵活的表达方法。

　　局部剖视图以波浪线为界，波浪线不应与轮廓线重合（或用轮廓线代替），也不能超出轮廓线。

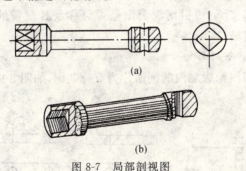

(a)

(b)

图 8-7　局部剖视图

二、剖面图

　　假想用剖切平面将零件的某处切断，仅画出断面的图形称为剖面图。

（一）移出剖面

　　画在视图轮廓之外的剖面称为移出剖面。图 8-8 所示剖面即为移出剖面。

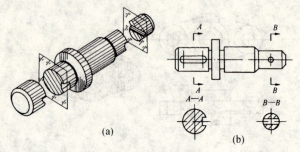

图 8-8　移出剖面

移出剖面的轮廓线用粗实线画出,断面上画出剖面符号。移出剖面应尽量配置在剖切平面的延长线上,必要时也可画在其他位置。

移出剖面一般应用剖切符号表示剖切位置,用箭头指明投影方向,并注上字母,在剖面图上方用同样的字母标出相应的名称,如 $A—A,B—B$。可根据剖面图是否对称及其配置的位置不同,作相应的省略。

（二）重合剖面

画在视图轮廓之内的剖面称为重合剖面,如图 8-9 所示。

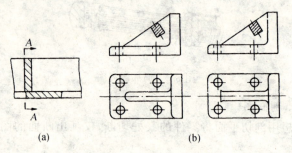

图 8-9　重合剖面

重合剖面的轮廓线用细实线绘制。当视图中的轮廓线与重合剖面的图线重叠时,视图中的轮廓线仍应连续画出,不可间断。对重合剖面一般无需标注,仅当重合剖面图形不对称时,才用箭头标注其投影方向,如图 8-9(a)所示。

第三节　机械制图

一、平面图形的画法

要进行平面图形的作图,首先要对平面图形中的各尺寸和各组成线段进行分析,然后确定出平面图形的作图步骤。

（一）平面图形的尺寸分析

平面图形中的尺寸,按其作用可分为定形尺寸和定位尺寸两类。在标注和分析尺寸时,首先必须确定基准。

（1）基准。基准是标注尺寸的起点。平面图形尺寸有水平和垂直两个方向,基准也必须从这两个方向考虑。常选择图形的轴线、对称中心线或较长的轮廓直线作为尺寸基准。图 8-10 所示手柄图形的尺寸基准就是水平轴线和较长的铅垂轮廓线。

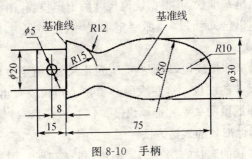

图 8-10　手柄

（2）定形尺寸。确定图形中各线段形状大小的尺寸称为定形尺寸,如直线的长度、圆及圆弧的直径或半径、角度大小等。在图 8-10 中, 15 mm、ϕ20 mm、ϕ5 mm、R15 mm、R12 mm、R50 mm、

R10 mm、ϕ30 mm 等均为定形尺寸。

（3）定位尺寸。确定图形中线段间相对位置的尺寸称为定位尺寸。如图 8-10 所示中，8 mm 就是确定 ϕ5 mm 小圆位置的定位尺寸。

分析尺寸时，常会遇到同一尺寸既有定形尺寸的作用又有定位尺寸的作用。如在图 8-10 中，75 mm 既是决定手柄长度的定形尺寸，又是 R10 mm 圆弧中的定位尺寸。

（二）平面图形的作图步骤

以图 8-10 所示手柄的平面图形为例，其作图步骤如图 8-11 所示。

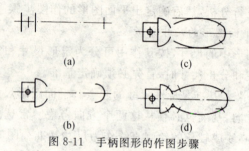

图 8-11　手柄图形的作图步骤

（1）画出基准线，并根据定位尺寸画出定位线[图 8-11(a)]。

（2）画出已知线段，即那些定形尺寸、定位尺寸齐全的线段[图 8-11(b)]。

（3）画出连接线段，即那些只有定形尺寸，而定位尺寸不齐全或无定位尺寸的线段。这些线段必须在已知线段画出之后，依靠它们和相邻线段的关系才能画出[图 8-11(c)、图 8-11(d)]。

二、零件形状的表达方法

零件形状的表达方法在国家标准《机械制图　图样画法　图线》(GB/T 4457.4—2002)中规定：视图包括基本视图、局部视图、斜视图、旋转视图；剖视包括全剖视图（斜剖、旋转剖、阶梯剖、复合剖）、半剖视图、局部剖视图；剖面包括移出剖面、重合剖面。

（一）基本视图

国家标准《机械制图　图样画法　图线》中规定，采用正六面体的六个面为基本投影面。如图 8-12(a)所示，将零件放在六面体中，由前后左右上下六个方向，分别向六个基本投影面投影，再按图 8-12(b)规定的方法展开，即正投影面不动，其余各面按箭头所指方向旋转展开，与正投影面成一个平面，即得六个基本视图，如图 8-12(c)所示。

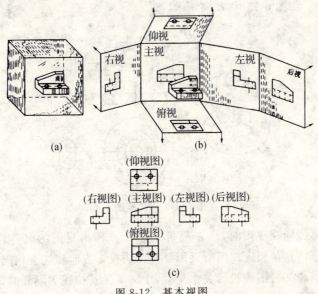

图 8-12　基本视图

六个基本视图之间仍保持着与三视图相同的投影规律，即主、俯、仰、后长对正；主、左、右、后高平齐；俯、左、仰、右宽相等。

六个基本视图中，最常用的是主、俯、左三个视图，各视图的采用根据零件形状特征的需要选定。

（二）局部视图

零件的某一部分向基本投影面投影所得到的视图，称为局部视图。

图 8-13 所示为零件的主、俯两个基本视图。图中其基本部分的形状已表达清楚，唯有左右两侧凸台和左侧凸台下方的肋板的厚度未表达清楚，因此，采用 A 向、B 向两个局部视图加以补充，即可简明地表达零件的全部形状。

局部视图的断裂边界应以波浪线表示，如图 8-13 中 A 向所示。当所表示的局部结构是完整的，且外轮廓线又封闭时，可省略波浪线，如图 8-13 中 B 向所示。

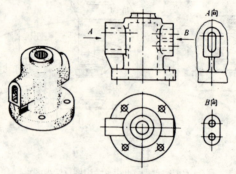

图 8-13　局部视图

标注局部视图时，应在局部视图上方标出视图的名称，如 A 向、B 向，并在相应视图附近用箭头指明投影方向和注上相同的字母。当局部视图按投影关系配置，中间又无其他视图隔开时，允许省略标注。

（三）斜视图

零件向不平行任何基本投影面的平面投影所得的视图，称为斜视图。

图 8-14 所示为弯板形零件，其倾斜部分在俯视图和左视图上都不能得到实形投影，这时，就可以另加一个平行于该倾斜部分的投影面，在该投影面上画出倾斜部分的实形投影，即为斜视图。

斜视图的画法和标注基本上与局部视图相同。在不致引起误解时,可不按投影关系配置,而将图形旋转摆正,此时,图形上方应标注"×"向旋转,如图 8-14 中的"A"向旋转。

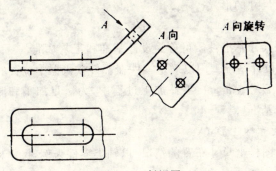

图 8-14　斜视图

（四）旋转视图

假想将零件的倾斜部分旋转到与某一选定的基本投影面平行后,再向该投影面投影所得到的视图,称为旋转视图。

图 8-15 所示连杆的右端对水平倾斜,为将该部分结构形状表达清楚,可假想将该部分绕零件回转轴线旋转到与水平面平行的位置,投影而得的俯视图即为旋转视图。

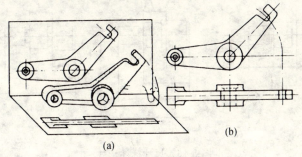

图 8-15　旋转视图

（a）连杆实体旋转投影；（b）旋转视图

三、零件图尺寸标注和技术要求

（一）零件图上的尺寸标注

标注尺寸时必须正确选择标注尺寸的起点，即尺寸基准，正确使用标注尺寸的形式。

1. 尺寸基准

按照尺寸基准性质可分为设计基准和工艺基准。

（1）设计基准。用以确定零件在部件或机器中位置的基准。

（2）工艺基准。在零件加工过程中，为满足加工和测量要求而确定的基准。

2. 尺寸标注形式

根据图样上尺寸布置的情况，以轴类零件为例，尺寸标注的形式有三种。

（1）链式。轴向尺寸的标注，依次分段注写，无统一基准，如图 8-16(a)所示。

（2）坐标式。轴向尺寸的标注，以一边端面为基准分层注写，如图 8-16(b)所示。

（3）综合式。轴向尺寸的标注，采用链式和坐标式两种方法混合标注，如图 8-16(c)所示。

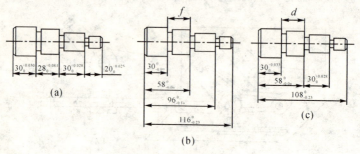

图 8-16　尺寸标注形式

(a) 链式；(b) 坐标式；(c) 综合式

（二）零件图上的技术要求

零件图上应该标注和说明的技术要求主要有：零件的表面粗糙度，零件上重要尺寸的上、下偏差，零件表面的形状和位置公差，零件的特殊加工、检验和试验要求，零件材料和热处理项目等。

1. 在图样上标注表面粗糙度

（1）表面粗糙度代号在图样上用细实线注在可见轮廓线、尺寸界线或它们的延长线上，如图 8-17 所示。

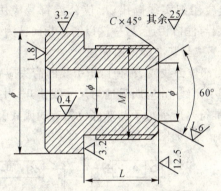

图 8-17　表面粗糙度标注示例

（2）表面粗糙度数值的书写方向应与尺寸数字的书写方向相同。

（3）在同一图样上，每两个表面一般只标注一次表面粗糙度。

（4）当零件所有表面具有相同的表面粗糙度要求时，其代号可在图样的右上角统一标注；当大部分表面具有相同的表面粗糙度要求时，对其中使用最多的一种代号，可统一标注在图样右上角，并加"其余"二字。

2. 标注公差与配合

（1）标注公差带代号。标注公差带代号时，基本偏差代号和公差等级数字均应与尺寸数字等高。如 $\phi50f7$、$\phi50H7/f7$。

(2) 标注偏差数值。标注偏差数值时,上偏差应注在基本尺寸右上方,下偏差应与基本尺寸注在同一底线上,字体应比基本尺寸小一号,如 $\phi50$。若上下偏差相同,只是符号相反,则可简化标注,如 $\phi40\pm0.02$,此时,偏差数字应与基本尺寸数字等高。

3. 标注形位公差

(1) 形位公差框格的绘制。公差框格水平或垂直放置;框格内的数字、字母的书写要求与尺寸数字书写规则一致;框格、指引线、圆圈、连线应用细实线画出;形位公差符号应用 B/2 线条画出;指引线一端与框格相连,另一端以箭头指向被测部位。

(2) 被测部位与基准部位的标注。

① 当被测部位为线或表面时,指引线的箭头应垂直于被测部位轮廓线或其引出线,并应明显地与尺寸线错开;当基准部位为线或表面时,基准符号应平行于基准部位轮廓线或其引出线,并应明显地与尺寸线错开,如图 8-18 所示。

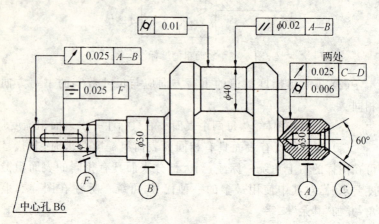

图 8-18 按测量基准标注尺寸

② 当被测(或基准)部位为轴线、球心、中心平面时,指引线的箭头应与该部位的尺寸线对齐,如图 8-18 所示;当被测部位为整

体轴线、公共轴线时，指引线可直接指到轴线上。

　　③当同一部位有多项形位公差要求时，可采用框格并列标注，如图 8-18 所示；当几个被测部位有相同形位公差要求时，可以在框格指引线上绘出分支指引线，并指向各被测部位。

　　4．热处理及表面处理

　　当零件表面有各种热处理要求时，一般按下述原则标注：

　　（1）零件表面全部进行某种热处理时，可在技术要求中用文字统一加以说明。

　　（2）零件表面需局部热处理时，可在技术要求中用文字说明，也可以在零件图上标注，零件局部热处理或局部镀（涂）时，用细实线区分出范围，并注出相应尺寸和说明。

复习思考题

1. 简述三视图的投影规律。
2. 什么是全剖视图、半剖视图、局部剖视图？
3. 什么是移出剖面、重合剖面？
4. 零件图上的技术要求有哪些内容？

第九章　电气识图

电气线路图可以表示电力拖动控制系统的工作原理及各电器元件之间的连接关系,并且是线路维护和寻找故障的参考依据。因此,电气线路图是电力拖动系统运行过程中重要的档案资料。

电力拖动控制系统中的电器元件种类繁多、规格不一,外形结构各异,为了表达各电器元件及其之间的关系,电气线路图中所有元器件必须采用统一的图形符号和文字符号表示。这些图形、文字符号应按国家颁布的 GB/T 6988.1—2008、GB/T 4728—2005、GB/T 4728—2008 等统一标准绘制。表 9-1 是根据以上标准按新旧标准对照的形式列出的电工系统部分常用电器的图形符号和文字符号,表 9-2 是电机车常用的电器符号,以供参考。

表 9-1　　　　电工系统常用电器、电机符号

名称		新图标		旧图标	
		文字符号	图形符号	文字符号	图形符号
开关	单极开关	Q	或	K	或
	闸刀开关 三极开关 组合开关	Q QS			
	隔离开关	QS		LK	同上
	断路器	QF	或	YD	同上

名称		新图标		旧图标	
		文字符号	图形符号	文字符号	图形符号
位置开关	位置开关常开触头	S		XWK	
	位置开关常闭触头				
	位置开关复合触头				
按钮	启动按钮	SB		QA	
	停止按钮			TA	
	复合按钮				
接触器	线圈	KM		C	
	常开触头				
	常闭触头				
	带灭弧装置的常开触头				
	带灭弧装置的常闭触头				

名称		新图标		旧图标	
		文字符号	图形符号	文字符号	图形符号
继电器	一般线圈	K		J	
	具有双线圈的继电器接触器	K KM		J C	
	动合触点（常开触点）	K	或	J	或
	动断触点（常闭触点）	K		J	
时间继电器	线圈的一般符号	KT		SJ	
	断电延时线圈				
	复合按钮				
	瞬时闭合常开触点				
	瞬时闭合常闭触点				
	延时闭合常开触点		或		

名称		新图标		旧图标	
		文字符号	图形符号	文字符号	图形符号
时间继电器	延时断开常闭触点	KT	或	SJ	
	延时断开常开触点		或		
	延时闭合常闭触点		或		
热继电器	热元件	FR		RJ	
	常闭触点				
熔断器	熔断器	FU		RD	
变压器	变压器	T		B	
电动机	三相鼠笼式异步电动机	M	M 3~	D	
	三相绕线式异步电动机		M 3~		
	串励直流电动机		M		
	并励直流电动机		M		

表 9-2　　　　　　　　**电机车常用电器符号**

名称	新国标符号	旧国标符号	名称	新国标符号	旧国标符号
直流电动机	Ⓜ	◯	压力继电器		
换向绕组			灯的一般符号	⊗	⊗
串激绕组			电喇叭		
接触器常开触点			接触器继电器		
接触器常闭触点			按钮开关		
蓄电池组			自动开关		
熔断器			磁芯电感线圈		
P型三极管			电压表	Ⓥ	
N型三极管			电流表	Ⓐ	
单晶管			电阻		
电容			电位器		

名称	新国标符号	旧国标符号	名称	新国标符号	旧国标符号
电解电容	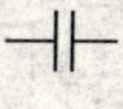	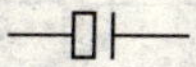	电抗器		
二极管			稳压管		
逆阻晶闸管			电感线圈或绕组		
桥式整流器		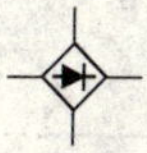	速度表	(km/h)	

根据用途不同,电气线路图分为系统图、功能图、逻辑图、电路图和接线图等几种。本章主要介绍常用的电路图和接线图。

第一节 电 路 图

电路图用于详细表示电路、设备或成套装置的全部基本组成部分和连接关系,主要作用是分析电路、设备或成套装置及其组成部分的工作原理,并为测试和寻找故障提供信息;还可作为安装电气设备及接线的依据。

电路图又称为电气原理图。电路图是根据读图方便,图形简单、清晰的原则,将所有电器元件按展开的形式绘制。图中的电器元件一般不表示它在空间的实际位置,而是按主电路和辅助电路分别绘制,如图 9-1(a)所示。主电路是控制系统中强电流通过的部分,如图 9-1(a)中的隔离开关 QS、接触器主触头 KM、过流过热继电器 FA-FR 及电动机 M 属主电路;其余部分为辅助电路,它包括控制电路、信号电路、保护电路等,其特点是通过的电流较小。

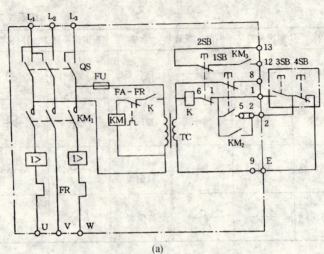

(a)

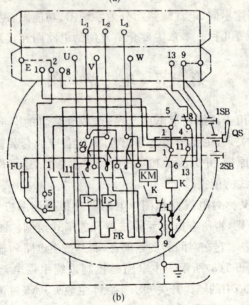

(b)

图 9-1　QC83-120(225)型磁力启动器

(a) 电路图;(b) 原理图

绘制电路图时应按照布局合理、排列均匀、图面清晰、便于读图的要求,同时遵循以下原则:

(1)电路图中的各种连接线应是交叉和折弯最少的直线。连接线可以水平布置,也可以垂直布置。如图 9-1(a)中的主电路是垂直布置,控制电路为水平布置。

(2)电路中的各电器元件应尽可能按元件功能和工作顺序排列。其布局应从上到下和从左到右,一般主电路在左,辅助电路在右。

(3)电路的连接线在交叉处,标以小圆点(连接点)时,表示两导线连接,否则表示不连接。连接线不能在与另一条线交叉处改变方向,也不能穿过其他连接线的连接点。

(4)连接线在图中可采用粗细不同的图线表示。如主电路和特别强调的连接线可用粗实线表示,辅助回路用细实线表示。

(5)穿过图面的连接线较长或穿越稠密区域时,允许连接线中断,但在中断处要加相应的标记,如图 9-2所示。

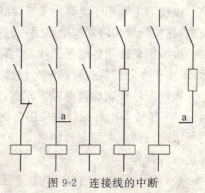

图 9-2 连接线的中断

(6)电路图中同一个电器元件中的各部分可以不画在一起,但要用统一的文字符号表示它们的关系。如图 9-1(a)中的接触器及其触头都用字母 KM 表示,KM 的下标数字表示第几对触头。

(7)电器元件的驱动部分和被驱动部分采用机械机构时,可用机械连接线(虚线)表示其连接关系。机械连接线允许折弯、分支和交叉。

(8)电路图中各电器元件的可动部分,一般应表示在非激励或不工作状态的位置。如接触器、继电器的触头是在未通电(非激励)时的状态;断路器、隔离开关在断开位置;带零位的手动开关在零位位置;不带零位的手动开关在图中规定的位置;行程开关在非工作状态或非工作位置。

(9)为了安装和检修方便,各电器元件的接线端应有标志编号。

(10)电路图中所有图形符号、文字符号应采用国家统一标准。图中应有标题栏。

第二节　接　线　图

接线图主要用于电路的安装接线、线路检查、线路维护和故障处理,在实际应用时常与电路图一起使用。

接线图是按照各电器元件的实际位置绘制的,如图 9-1(b)所示,以便于实际安装、接线和寻找故障。

接线图的绘制应遵循以下原则:

(1)接线图中各元件应采用简化外形或国家规定的统一图形符号表示。同一电器元件的各部分要画在一起,各电器元件旁要标注元件代号。

(2)各元件之间的电气连接要通过接线端子。连接导线和接线端子要按统一要求标注出导线的类型、截面及端子编号。接线端子用图形符号和端子代号表示。

(3)两端子之间的连接导线可以是连接线,也可以是中断线。采用中断线时要注明线的去向,如图 9-3 所示。

(4)导线组、电缆、缆型线可用加粗线条表示。各子线之间的区分可用数字或文字表示,如图 9-4 所示。

(5)端子接线图应与接线面的视图一致,各接线端子应按其对应位置表示。

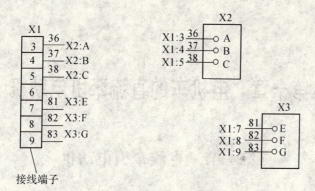

接线端子

图 9-3 中断线的表示方法

（6）接线图中各电器元件的文字符号及端子编号应与相应的电路图一致，以便对照检查。

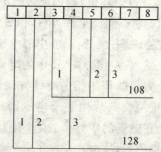

图 9-4 导线组、电缆的表示方法

复习思考题

1. 根据用途不同，电气线路图分为哪几种？

2. 绘制电气原理图应遵循什么原则？

3. 接线图的绘制应遵循什么原则？

第十章　电机车的直流牵引电动机

第一节　直流牵引电动机

一、直流电动机的工作原理

直流电动机是根据载流导体在磁场中受电磁力作用而运动这个原理工作的。

如图 10-1 所示，在主磁场里，随轴旋转的矩形线圈 abcd（即电枢线圈）经换向片和电刷与直流电源连接，构成电流的通路。当线圈在图 10-1(a)的位置时，右侧导体 ab 中的电流方向朝内，按照左手定则，它受到向上的力；左侧导体 cd 中的电流方向朝外，它受到向下的力，电枢受此力偶的作用朝逆时针方向转动。当转动到图 10-1(b)的位置时，正值换向片由一个电刷滑到另一个电刷的瞬间，导体 ab 及 cd 处在磁场的中性位置，没有力偶作用，电枢依靠惯性继续旋转过中性位置，换向片调换了它所接触的电刷，转到图 10-1(c)的位置，矩形线圈中的电流方向改变。导体 ab 转到左侧，电流方向朝外，受到向下的力；导线 cd 转到右侧，受到向上的力，在此力偶的作用下，电枢继续旋转。在实际电动机中，电枢绕组的导体和换向片都很多，它们均匀分布在电枢圆周的不同位置，除了个别处于中性位置的导体外，其余导体都受力的作用，无论电枢在什么位置都能产生一个基本恒定的转矩。

电动机的导体 ab 与 cd 在磁场中切割磁力线而产生电势，其方向和电源电势相反，故称反电势。同样，当直流发电机有了负载

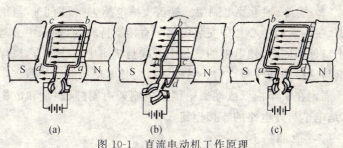

图 10-1　直流电动机工作原理

电流以后,它的导体也和在电动机时一样,在磁场中将受力而产生力矩,其方向与原电动机力矩方向相反,称制动力矩。由此可见,直流电动机与直流发电机是直流电机的两种运行方式,它们是可逆的。

二、结构

直流电动机由定子、电枢和其他零件组成。

(一) 定子

定子主要由主磁极、换向磁极、机座、端盖和电刷装置等组成。

(1) 主磁极。主磁极的极身、极靴,通常用 0.5~1.5 mm 厚的硅钢片或普遍钢板片叠合铆紧而成,极身处有励磁绕组,用以产生主磁场。

(2) 换向磁极。换向磁极大都是由整块锻钢做成,也有的用 0.5~1.5 mm 厚的硅钢板冲片压铆合而成。极身、极靴都较窄,极身处有换向绕组,补偿绕组也合并在换向绕组中。

(3) 机座。机座是支持整个电动机零件的,主磁极和换向磁极直接用螺钉固定在机座上。机座又是磁路的一部分,所以采用具有较好的导磁能力并且有足够断面的铸钢或厚钢板制成。磁极极身与机座间可增加铁垫片以调整气隙。在换向磁极与机壳之间除了铁垫片之外,有些电动机还设计有第二气隙,其材质为铜、铝、层压板等。第二气隙能减少涡流影响,提高换向磁场的跟随性。

（4）端盖、轴承及电刷架。端盖支撑电枢，并帮助止口与机座固定，在端盖的中心孔中安装的轴承直接支持转轴，轴承中心与端盖止口外圆同心，使电枢的旋转中心线与机座中心线重合，以保证电枢与磁极间的气隙均匀。另外端盖也是电动机的防护盖。

固定在机座内壁或端盖内侧的电刷架由刷杆、刷盒和电刷组成，是电枢与外电路的连接枢纽。

（二）电枢

（1）电枢铁芯及绕组。电枢铁芯由 0.5 mm 厚的硅钢片叠成，两端用端压环或线圈支架夹紧，铁芯中部有直径为 25 mm 左右的轴向通风孔，较大的电枢铁芯在轴向分段，段间有宽度约 10 mm 的径向通风沟，通风孔和通风沟是冷却空气的通道，用以增加散热能力。沿电枢铁芯圆周有轴内槽，槽内嵌满电枢绕组。为了防止电枢绕组线圈被离心力甩出，端部用绑线绑住，槽口处用槽楔或绑线固定。

（2）换向器。换向器由多片带燕尾的梯形铜排及同形状的云母片间隔组成圆柱形，两端用 V 形云母环及 V 形钢压环经螺帽或拉紧螺栓压紧。电枢绕组的端接引线与换向片的竖板或升高片之间用焊锡焊接。

（3）风翅。电枢轴上通常都装有风翅，其作用是加快电动机的散热。

（三）空气隙

在定子磁极极靴和电枢铁芯柱面之间的间隙叫空气隙，它的大小和形状直接影响电动机的特性，不能轻易改动。一般中、小型电动机的空气隙为 0.7～5 mm，大型电动机为 5～10 mm。

三、直流电动机的分类和特征

（一）直流电动机的分类

直流电动机按励磁方式的不同可分为他励直流电动机、并励直流电动机、串励直流电动机和复励直流电动机，如图 10-2 所示。

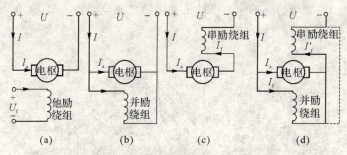

图 10-2　直流电动机按励磁方式分类

(a) 他励；(b) 并励；(c) 串励；(d) 复励

(1) 他励直流电动机。如图 10-2(a)所示，他励直流电动机的励磁绕组与电枢没有连接，分别由两个直流电源供电。

(2) 并励直流电动机。如图 10-2(b)所示，并励直流电动机的励磁绕组与电枢绕组并联，往并励绕组上加的电压就是电枢绕组两端的电压。

(3) 串励直流电动机。如图 10-2(c)所示，串励直流电动机的励磁绕组与电枢绕组串联，因此，这种电动机的励磁电流是电枢电流。

(4) 复励直流电动机。如图 10-2(d)所示，复励直流电动机的主磁上装有两个励磁绕组，一个励磁绕组与电枢并联，称为并励绕组；另一个励磁绕组与电枢串联，称为串励绕组。如果并激绕组与串激绕组产生的磁势方向相同，则称为积复励；如果两者的磁势方向相反，则称为差复励。

直流电动机的运行特性随着励磁方式的不同而有很大差别。一般电动机的主要励磁多采用复励、并励和串励方式。

（二）牵引电动机的特征

用做驱动电机车的电动机，称为牵引电动机，是电机车的主要设备。

ZK 型电机车的牵引电动机是串励直流电动机。如图 10-3 所示,其具有以下特征。

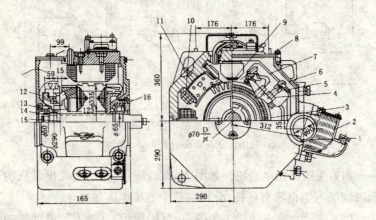

图 10-3   ZQ-21 型牵引电动机

1——铜瓦轴承;2——轴承外壳;3——换向器;4——刷握;5——刷杆;6——电刷;
7——压板;8——电枢冲片;9——换向极(补极);10——磁极线圈;11——主极;
12——换向器压圈;13——换向器套筒;14,15——转子轴;16——轴承

1. 外部结构特征

(1) 为了适应于电机车上安装,机壳上设有抱轴瓦和悬挂孔;

(2) 电枢铁芯叠片设有通风沟;

(3) 电枢绕组直接嵌进换向片的嵌线槽口内,设有升高片;

(4) 由于抱轴瓦的影响,换向极数比正常少一个;

(5) 构造简单,体积和质量都较小。

2. 内部结构特征

(1) 设计的发热因数、各部磁密度都比普通电动机高,允许温升比普通电动机高 30~40 ℃。

(2) 牵引电动机受到路基颠簸所引起的剧烈振动,各部结构要有较大的机械强度,故用铸钢制作机壳。为了减少因车体和机体振动引起的电刷跳动带来的换向困难,其电刷压力要选取比普通直流电动机大的数值。

（3）由于电机车在恶劣的环境条件下工作,故电动机应采用封闭型自冷式。其绝缘强度的各项要求较高,电枢采用成型绕组连续绝缘,多次浸漆工艺,除可以提高绝缘的介电强度之外,还使其具有较高的防潮、防油、防污能力,工频耐压试验时的电压值比普通直流电动机高。

（4）牵引电动机应能承受频繁的启动和逆转,有较高的过载能力和启动转矩,对换向器的制造工艺提出了较高的要求,有较高的装配压力和试验转速。

（5）牵引电动机能承受冲击负载以及电源电压的急剧变化。换向极的第二气隙提高了换向电势的跟随性,改善了换向。

3. 牵引特性（图 10-4）

（1）有较大的启动转矩和过载能力。牵引电动机的转矩特性近似抛物线,轻载时,转矩和电流的平方成正比,电流增大磁通逐渐趋近饱和后,转矩和电流成正比,因此,在许可启动电流下可以得到较大的启动转矩。在允许范围内过载时,其最大转矩同样比复励直流电动机大得多。

（2）转矩随运输线路条件变化而自动调节。这种特点是由串励直流电动机具有"软"的牵引特性所决定的,它从牵引网路上取用的电功率变化甚小,当电机车上坡或负载较大时,电动机的转速会随转矩的增大而自动降低。一方面保证了安全运行,另一方面不会从电网上吸取过大的功率,在牵引网路的负荷比较均匀。

（3）转速随电源电压波动时,牵引力不变。架线的电压波动时,只影响牵引电动机的转速,而不影响其转矩,因此牵引力不变。这样就使得当网路电压较大地降低时,电机车也能启动。

（4）当两台牵引电动机并列工作时,它们的负载分配比较均衡。由于两台牵引电动机的特性,因此,在瞬变工作状态下,能保证最满意的运转,负载分配相差不超过 $5\% \sim 10\%$。

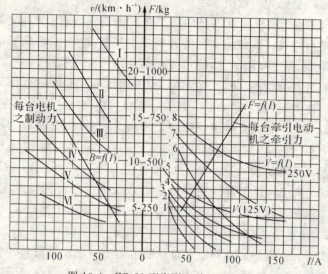

图 10-4　ZQ-21 型牵引电动机特性曲线

（三）牵引电动机的型号和技术特征

1. 型号

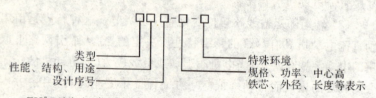

ZK$_{10}^{7}$型电机车采用 ZQ-21 型牵引电动机，型号中的字母和数字表示：

Z——直流；

Q——牵引；

21——21 kW。

2. 牵引电动机的主要技术特征

牵引电动机的主要技术特征见表 10-1、表 10-2。

表 10-1　　架线式电机车常用牵引电动机技术特征

项目＼型号		ZQ-21	ZQ-24	ZQ-46A	ZQ-46B	ZQ-52	ZQ-30-3	ZQ-30-4	ZQ-78
额定数据	小时工作制 功率/kW	20.6	24	46A	46B	52	30	30	78
	电压/V	250	550	250	550	550	250	550	550
	电流/A	95	50.5	212	96.5	105	136	62	154
	转速/(r·min^{-1})	600	600	530	560	1 300	1 435	1 435	1 200
	长时工作制 功率/kW	7.2	9.6	16.8	17.18	25.5	12	12	38
	电压/V	250	550	250	550	550	250	550	550
	电流/A	34	19.6	84	39	50	56	25	75
	转速/(r·min^{-1})	926	875	530	560	1 300	2 265	2 175	1 760
最大工作转速/(r·min^{-1})		1 400	1 400	1 400	2 000	2 800	3 014	3 014	2 365
励磁方式		串　联							
绝缘等级		B							
质量/kg		545	550	1 005	1 005	645	390	402	765
使用电机车型号		ZK-7 ZK-10	ZK-7 ZK-10	ZK-14	ZK-14	ZK-14	ZK-10	ZK-10	ZK-20 ZK-14

表 10-2　　蓄电池式电机车隔爆型牵引电动机技术特征

项目＼型号		ZQ-4B	DJZB-4.5	DZQB-7.5	ZQ-8B	ZQ-11B	DZQ-21dI	DZQB-dI/15
额定数据	小时工作制 功率/kW	3.5	弱磁 4.5 全磁 3.5	7.5	7.5	11	21	15
	电压/V	42	42	90	84	120	182	140
	电流/A	105	弱磁 130 全磁 105	100	111	112	135	136

项 目 \ 型 号			ZQ-4B	DJZB-4.5	DZQB-7.5	ZQ-8B	ZQ-11B	DZQ-21dI	DZQB-dI/15
额定数据	小时工作制	转速 /r·min⁻¹	弱磁1 850 全磁960	弱磁1 200 全磁690	1 110	1 130	370	1 050	1 060
	长时工作制	功率/kW	1.37			3.45	4.3		6.5
		电压/V	42	42		84	120		140
		电流/A	42	50		50	44		60
		转速 /r·min⁻¹	1 850	1 850		1 700	580		1 550
最大工作转速 /r·min⁻¹			2 400	2 100	2 200	2 400	1 400	2 100	2 230
励磁方式			串联						
绝缘等级			B						
质量/kg			137	130	180	173	480	410	362
使用机车型号			XK-2.5A XKB-3	CDXA-2.5	CDXA-5	ZK-5A	XK-8A	CDXT-12	CDXT-885

3. 牵引电动机的端子出线标志

电动机每绕组的出线端子都有明确的标志,用汉语拼音字母标在接线头或引出导线的金属标片上,其代表意义见表 10-3。

表 10-3　　　　串励电动机端子出线标志意义

绕组名称	出 线 标 志	
	始端	末端
电枢绕组	S_1	S_2
串励绕组	C_1	C_2
换向绕组	H_1	H_2

四、直流电动机的工作特性

（一）并励直流电动机与串励直流电动机的特性区别

由于励磁方式的不同，并励直流电动机具有硬特性，它的自然机械特性从启动到达到额定转矩几乎转速只变化 $5\% \sim 10\%$，虽然向电枢回路串入电阻 $r_1 + \cdots + r_n$ 以后可以使自然机械特性变陡，但是串励直流电动机的转速随转速特性具有软特性，适应电机车的负载特点，因此电机车的电动机都采用串励直流电动机。

（二）窄轨电机车采用串励直流电动机的优点

窄轨电机车采用串励直流电动机与其他励磁方式的直流电动机和交流异步电动机比较，具有下列优点：

（1）在同样的运转条件和电枢电流的情况下，直流串励电动机的转矩大，当负载变化时，由电网取得的功率变化不大；

（2）串励直流电动机启动时转矩较大，过负载能力大；

（3）牵引电网电压变化时，对串励直流电动机的工作影响不大，即在此情况下仅影响电动机的转速，对转矩几乎无影响；

（4）串励直流电动机构造简单、体积小、质量轻；

（5）串励直流电动机具有软特性，各电动机之间的负荷分配较均匀。

五、串励电动机的调速和制动

（一）串励电动机的调速

电机车在运输过程中需要多种速度，所以必须采取一定的措施由司机来控制牵引电动机的转速，使电机车获得多种运行速度。

根据电压平衡方程式有：

$$n = \frac{U - I_s R_n}{C\Phi}$$

式中　I_s——电枢电流；

　　　U——电网电压；

　　　R_n——电动机绕组中的电阻；

C——电机的结构系数；

n——电动机转速；

Φ——电动机的磁通。

由上式可知，转速 n 与电网电压 U、电枢回路电阻上的压降 I_sR_n 及磁通 Φ 有关，如果改变这三个量中的任意一个量，就能使电动机的转速 n 改变。因此，直流电动机常用的调速方法有以下几种。

1. 改变电动机的端电压

（1）串联电阻法。在牵引电动机电路中串联一个可变电阻，当改变电阻的阻值时，就可改变牵引电动机的端电压，达到改变电动机转速的目的。

（2）牵引电动机串并联法。电机车使用两台牵引电动机时，改变电动机的连接方式是一种经济的调速方法。电机车在低速运行时，两台牵引电动机串联，每台电动机所承受的电压等于电网电压的一半；在高速运行时，两台牵引电动机并联，每台电动机所承受的电压为电网电压。同时也接入电阻作为辅助调速。

（3）可控硅脉冲调速法。在牵引电动机主电路中串联可控硅，利用可控硅周期式地关断和导通断续供电的性能，改变牵引电动机端电压的平均值，从而达到调速的目的。实际上可控硅脉冲调速法就是改变牵引电动机端电压的另一种形式。

2. 改变励磁绕组法

（1）改变励磁绕组匝数。把励磁绕组分为两组，当励磁绕组两组全部串联接入电路时，磁场强度最大，电动机速度降低；当只有一组励磁绕组接入时，磁场强度减弱，电动机转速增高。

（2）改变励磁绕组的连接方式。当励磁绕组串联时，磁场强度大，电动机转速低；当励磁绕组并联时，磁场强度减弱，电动机转速增高。

小型蓄电池牵引电机车只使用 1 台牵引电动机，通常采用这种方法进行调速。其优点是经济性、平滑性好,但调速范围有一定的限制。

（二）串励电动机的制动

为了使旋转着的电动机迅速停止,可采用制动闸的机械制动,也可用电动机本身的电磁制动。电磁制动所产生的制动力矩大,且操作方便,故常配合机械制动使用。煤矿电机车采用的电磁制动方法如下。

1. 能耗制动

将运转着的电动机电枢与电源断开后,用外电阻将电枢与励磁绕组接通,此时由于电机车的惯性力使电枢沿着原方向旋转,因而变成了发电机,产生的电能消耗在电阻上,达到制动的目的。但应注意:在制动时应将励磁绕组的端子对换,以保持剩磁。因为作为发电机时的电枢电流方向和作为电动机时的电枢电流方向相反,若不对换励磁绕组的端子,则剩磁立即被消除,不能产生感应电动势和电枢电流,无法起制动作用。

2. 反接制动

为了使电动机急速停车,可将原来的电枢端子对换,反接在电源上。但应注意:励磁绕组的接线不变,此时端电压的方向与电动机的反电势方向相同,此时电枢电流很大,为了限制电枢电流使之不致烧坏电动机,必须在电枢电路中接入外加电阻。反接制动时,电源输入的电能和惯性力动能的一部分消耗于电阻之中,一部分产生制动转矩,加以制动。由于反转力矩较大,故停车时间较短,反接制动用于电动机需要迅速停车的场合。

（三）直流串励电动机空载的危害

直流串励电动机具有机械软特性,即转速 n 随着负载的轻重变化而变化,也就是电动机的转动力矩大时转速低,而随着转动力矩的减小,电动机的转速将增高。电动机空载时,由于它的转动力矩非常小,其转速将非常高,会产生"飞车"现象,此时不仅会使换向条件严重恶化,甚至会损坏转子,引起人身事故等。所以串励电动机不能在空载下运行,在一般条件下轻载运行的最小负荷不得低于额定负荷的 25%～30%。

第二节　交流牵引电动机

交流牵引电动机和传统的串励直流牵引电动机相比,具有以下优点:

(1)在相同的输出功率下,体积较小、质量较轻。在转向架的有限安装空间内可以设置更大功率的电动机。

(2)结构简单、维修工作量小,减少了维修费用,延长了检修周期。

(3)部分与转速有关的限制条件如换向器表面线速度的限制等都不存在,异步牵引电机有较高的机械强度。

(4)能在静止状态下任意的时间内发出满转矩,这对于复杂线路条件下重载启动特别重要。

(5)有良好的牵引性能,可实现大范围平滑调速。

(6)通过改变逆变器任意两相可控元件的触发顺序就可改变电机转向,改变频率就可从电动牵引状态转到发电制动状态,与直流控制系统相比,可省略不少元器件。

现以普通三相交流异步电动机为例,学习异步电机的相关知识。

一、三相异步电动机的基本结构

三相异步电动机主要由定子和转子两个基本部分组成,如图10-5所示。

(一)定子

定子主要由机座、定子铁芯、定子绕组三部分组成,如图10-5所示。三相定子线圈放在定子铁芯的槽内,然后与定子铁芯一起

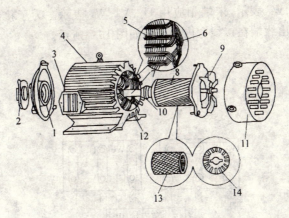

图 10-5　三相笼型异步电动机结构

1——端盖；2——轴承盖；3——接线盒；4——散热筋；5——定子铁芯；
6——定子绕组；7——转轴；8——转子；9——风扇；10——轴承；11——罩壳；
12——机座；13——笼型绕组；14——转子铁芯

固定在外壳上。

（1）定子铁芯是电动机磁路的一部分，如图 10-6 所示。定子铁芯由 0.5 mm 厚的硅钢片叠成筒形装在机座内。在硅钢片两面涂以绝缘漆作为片间绝缘。在定子铁芯的内圆周上冲有许多均匀分布的平行槽，用来嵌放定子绕组。

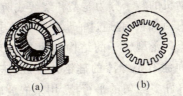

（a）　　　　　　（b）

图 10-6　未装绕组的定子和定子冲片

（2）三相定子绕组是产生旋转磁场的电路部分，三相绕组对称地嵌放在定子铁芯的线槽内。

三相绕组的出线端分别接在机座外面的接线盒内，始端用

U_1、V_1、W_1 表示，末端相应用 U_2、V_2、W_2 表示。为了接线方便，这 6 个出线端在接线盒内的排列如图 10-7 所示。

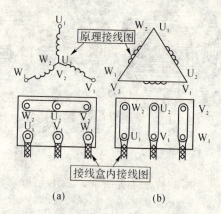

图 10-7　笼型转子

（a）铜条笼型转子；（b）铸铝笼型转子

接线盒内 6 个主接线柱分别与定子绕组的 6 根引出线相连接。在接线盒内靠 3 个接线片的位置改变可接成星形（"Y"形），即 U_2、V_2、W_2 连在一起，如图 10-7（a）所示；或接成三角形（"△"形），即 U_1、W_2，V_1、U_2，W_1、V_2 分别相连，如图 10-7（b）所示。

（二）转子

三相异步电动机的转子分为笼型和绕线式两种。转子绕组放在转子铁芯的槽内，它们一起通过轴承和端盖固定在机座上。

（1）笼型转子。笼型转子的结构如图 10-8 所示。转子铁芯由 0.5 mm 厚两面涂有绝缘漆的硅钢片叠成，压装在转子轴上。转子外圆周上冲有许多均匀的平行槽，用来嵌放转子绕组。笼型转子绕组是由安放在转子铁芯槽内的裸导条和两端的环形端环（又称短路环）连接而成。如果去掉转子铁芯，绕组的形状就像一个"鼠笼"，故称为笼型转子。

（2）绕线式转子。绕线式转子的三相绕组一般在内部连接

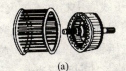 

(a)　　　　　　　　　　　(b)

图 10-8　电动机接线

(a) 绕组星形接法；(b) 绕组三角形接法

成星形，3 个出线头从转子轴的中心孔中引出固定在轴上 3 个滑环上，3 个滑环彼此互相绝缘并和转子轴绝缘。转子绕组通过滑环及电刷与外加变阻器相连，以改善电动机的启动性能或调节转速。

二、三相异步电动机的工作原理及反转

（一）三相异步电动机的工作原理

虽然电动机的外形不同，但它们的基本工作原理却是一样的。为简单起见，图 10-9 中用一对磁极进行分析。

（1）三相异步电动机的三相绕组接入三相对称交流电源后，便产生一个旋转磁场。假定旋转磁场按顺时针方向旋转，如图 10-9 中 n_1 所示。

（2）静止的转子与旋转磁场间有相对运动，转子绕组切割磁力线产生感应电动势（其方向可用右手定则确定）。由于转子绕组是闭合的，故在转子绕组中产生感应电流，其方向如图 10-9 所示。

（3）载流的转子绕组在磁场中受电磁力（其方向用左手定则确定，如图 10-9 所示的 F），这时电磁力对轴形成一个转矩，称为电磁转矩。在电磁转矩的作用下，转子就顺着旋转磁场的方向并以小于旋转磁场的转速转动。

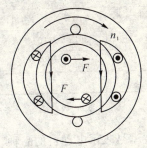

图 10-9　异步电动机工作原理图

显然,在电压一定的条件下,定子线圈中相电流越大,转子线圈受到的电磁力也越大,电动机轴上输出的机械功率也就越大。如果定子绕组中的电流相同,电动机的电压越高,它的功率也越大。

转子的转速 n 不可能达到旋转磁场的同步转速 n_1,否则转子导体与旋转磁场之间就没有相对运动,转子导体将不切割磁力线,回路中也就没有感应电流,转子就不会受到电磁力矩,电动机也就不能运转了。这种电动机的转子转速永远低于旋转磁场的同步转速,故称异步电动机。由于转子中的电流因电磁感应而产生,所以又称感应电动机。

（二）电动机反转

只要调换电动机任意两相绕组所接的电源线,旋转磁场则反转,电动机也就反转。

三、异步电动机的铭牌参数

异步电动机的铭牌,给用户提供了简要的正确使用和维修电动机的参数。三相异步电动机铭牌的主要参数见表 10-4。

表 10-4　　　　**YBS 隔爆三相异步电动机铭牌参数**

防爆型三相异步电动机				
型号	YBS-200	出厂编号		防爆类别	Ex dI
额定功率	200 kW	额定电压	660/1 140 V	额定电流	213.8/123.4 A
频率	50 Hz	绕组接法	△/Y	额定转速	1 475 r/min
执行标准	GB 3836.2—2010	绝缘等级	F 级	工作定额	连续
防爆合格证			质量	1 428 kg
××××电机厂				

（一）型号

型号表示电动机的品种、性能、防护形式、转子类型等。电动机的型号由汉语拼音字母和阿拉伯数字组成。例如：

（二）额定功率

额定功率表示满载运行时电动机轴上所输出的额定机械功率，单位为 kW。

（三）额定电压

额定电压指接到电动机绕组上的额定线电压。电动机所接的电压值的变动一般不应超过额定值的±5%，单位为 V。

（四）额定电流

额定电流指电动机在额定电压和额定频率下，输出额定功率时三相定子绕组的线电流，单位为 A。

（五）频率

频率指电动机所接交流电源的频率。我国电力网的频率规定为 50 Hz，电源频率的偏差不应超过±1%。

（六）额定转速

对于异步电动机，额定转速指在额定电压、额定频率和额定负载下，电动机每分钟的转数。同步电动机的转速决定于电源频率和电动机的极数，与负载无关。

（七）绝缘等级

绝缘等级表示电动机所用材料的耐热等级，它决定了电动机的允许温升，通常分为 7 个等级，见表 10-5。

表 10-5　　　　　　　电动机的耐热等级

绝缘等级	Y	A	E	B	F	H	C
最高工作温度/℃	90	105	120	130	155	180	>180

（八）工作定额

工作定额按电动机运行的持续时间分为连续定额、断续定额和短时定额三种。

如果是绕线式异步电动机，铭牌上还标有转子绕组开路电压和转子额定电流，作为配用启动电阻时的依据。

复习思考题

1. 直流电动机的工作原理是什么？

2. 直流电动机由哪几部分构成？

3. 直流电动机按励磁方式的不同可分为哪些种类？

4. 为什么电机车的牵引电动机常采用串励直流电动机？

5. 串励直流电动机常用的调速方法有哪几种？

6. 为什么串励电动机不能在空载下运行？

7. 三相异步电动机主要由哪几部分组成？定子绕组如何接线？

8. 如何改变三相异步电动机的旋转方向？

第十一章　列车组安全运行技术

第一节　列车组安全运行技术

一、列车组运行的工作状态

单纯从运动学的观点来看,列车的运行规律是很复杂的。除了沿着轨道方向整个列车的平移运动和车轮的转动以外,还有沿轨道横断面的水平摆动、垂直振动以及车辆之间冲击引起的振动;经过弯道时,列车还要做曲线运动。然而,列车运行的基本方面,是它沿着轨道平行移动。我们假定组成列车的各车辆之间的连接是刚性的,而且认为各部分的速度和加速度都相等,也就是说,假定整个列车是平移运动的刚体。这样的假定,与实际情况虽有差异,但在计算过程中,如果对某些有影响的因素,如对转动部分的转动惯量,用一个适当的系数加以考虑,那么,整个计算结果与实际相差不大。

（一）列车运行的三种状态

1. 牵引状态

列车在牵引电动机产生的牵引力作用下加速启动或匀速运行,牵引状态可得出列车运行的普遍规律。

列车在牵引状态,受到三个力的作用:机车牵引力 F,列车运行静阻力 F_c,列车运行动阻力 F_d。我们取列车运行方向为正方向,反之为负方向,根据平衡原理,列车在牵引状态下的力平衡方程式为:

$$F-F_c-F_d=0$$

列车运行的静阻力包括基本阻力、坡道阻力、弯道阻力、道岔阻力以及空气的阻力等。由于列车运行速度较低,后三种阻力可以忽略不计,只计算基本阻力和坡道阻力。

基本阻力是指轮对轴颈与轴承间的摩擦阻力、车辆在轨道上的滚动摩擦阻力、轮缘与轨道间的滑动摩擦阻力以及列车运行时的冲击振动所引起的附加阻力。一般来说,基本阻力是经过试验来确定的。试验方法是对同类矿车在各种运动状态下测定它的阻力系数,阻力系数就是基本阻力与矿车总重量之比。但为了运算方便,通常是用 N/t 来表示,用 kg/t 表示的阻力系数又称为比阻。

有了阻力系数以后,基本阻力可按下式计算:

$$W_0=(P+Q)W$$

式中　W_0——基本阻力,N;

　　　P——电机车质量,t;

　　　W——列车的比阻,N/t;

　　　Q——矿车组质量,t。

坡道阻力是列车在坡道上运行时,由于列车重量沿坡道倾斜方向的分力而引起的阻力。很明显,只有沿坡道上行时此分力才成为阻力,而沿坡道下行时,此分力则变成列车运行的主动力了。

坡道阻力:

$$W=\pm(P+Q)i$$

式中　$\pm$——列车上坡时取"+"号,下坡运行时取"-"号;

　　　i——轨道坡度,常用平均坡度代替,取 3‰。

列车运行时的静阻力应为基本阻力和坡道阻力之和,即:

$$F_c=W_0+W$$
$$=(P+Q)W\pm(P+Q)i$$
$$=(P+Q)(W\pm i)$$

根据假定,列车为一平行移动的刚体,动阻力就应该是列车质

量乘以加速度。但是,实际上在平移运动的同时,还有旋转运动存在,这对动阻力是有影响的,采用惯性系数来修正,则计算式是:

$$F_d = m(1+r)a$$

式中　m——机车和矿车组的全部质量,$m = (P+Q) \times 1\,000$,kg;

　　　r——惯性系数,对矿用电机车为 $0.05 \sim 0.1$,平均取 0.075;

　　　a——列车运行的加速度,对井下电机车可取 $0.03 \sim 0.05$, m/s^2,一般取 $a = 0.04$ m/s^2。

所以:　$F_d = (P+Q) \times 1\,000 \times (1+0.075)a$

$$= 1\,075(P+Q)a$$

综上所述,则可求出牵引电动机所必须产生的牵引力为:

$$F = F_c + F_d$$

$$= (P+Q)(W \pm i) + 1\,075(P+Q)a$$

$$= (P+Q)(W \pm i + 1\,075a)$$

利用此方程式可求出在一定条件下机车所需给出的牵引力,或者求出列车的加减速度,或进行列车组成的计算。

2. 惯性状态

牵引电动机断电后,列车靠惯性滑行,这种状态,一般为减速运行。

在惯性状态下,电机车牵引电动机断电,牵引力等于零,列车依靠断电前所具有的动能或惯性,继续运行。在一般条件下,列车将产生一定的减速度。在这种情况下,列车除了受静阻力 W 以外,还受到由于减速度所产生的惯性力 W_a。后者与列车运行方向相同,正是它使列车继续运行。惯性状态时,列车力的平衡方程式为:

$$-W + W_a = 0$$

式中　W——静阻力,$W = (P+Q)(\omega \pm i)$;

　　　W_a——惯性力,$W_a = 110(P+Q)a$。

这样可得出惯性状态时列车的减速度为：

$$a=\frac{1}{110}(\omega\pm i)\ \mathrm{m/s^2}$$

上式中，在下坡滑行时，i 取"＋"号，反之则取"－"号。

由此可见，在列车阻力系数一定时，惯性滑行的减速度决定轨道坡度大小和方向。上坡时，减速度 a 始终保持正值，直至停车为止。下坡时，如 $i<\omega$，a 为正值，即仍为减速运行，直至停车；如 $i>\omega$，a 则变为负值，此时不再是减速而是加速运行了。由此可见，惯性滑行是很不可靠的，操作时应予以特别注意。

3. 制动状态

列车在制动闸瓦或牵引电动机产生的制动力矩作用下，减速运行或停车。

对于制动状态，它与牵引状态的不同点是：制动时牵引电动机断电，因而牵引力为零，并且人为地加一个制动力。另外在制动时，运行阻力成为帮助制动的力，因此在计算中都取"－"号。

综上可导出制动状态下的运行方程式：

$$B=(P+Q)(110a\pm i-\omega)$$

式中　　B——制动力；

a——列车制动时的加速度，此时的加速度是个负值，所以计算时代入绝对值；

i——轨道坡度，上坡制动时取"－"号，下坡制动时取"＋"号。

利用上面公式可以求出在一定条件下（上坡制动或下坡制动）制动装置所必须给出的制动力；或者已知制动力，可求出制动状态的加速度、制动距离等。

（二）机车的牵引力

机车的牵引力是由牵引电动机产生的旋转力矩，通过减速齿轮传递给主动轴上的轮对，然后作用于轨道上，便产生了牵引力，推动列车运动。牵引力与牵引电机的旋转力矩成正比,旋转力矩增大,牵引力也增加,与此同时摩擦力也相应地增大,但在牵引电动机容量允许的条件下,牵引力不能任意增大,而摩擦力也不可能无限增大。

牵引力大小取决于两个因素。

1. 牵引电动机的容量

一台电动机的容量不可能无限增大,而有一个变化范围。

2. 黏着条件

矿用电机车所用车轮均为主动轮,所以电机车的黏着质量等于电机车全部重量,也是个不变值。至于电机车的黏着系数则与许多因素有关,是个变值,影响电机车黏着系数的因素有:

(1)车轮与钢轨接触表面的状况。若接触面潮湿或附着有煤泥等污物,就相当于在接触面添加了一层润滑剂,从而使黏着系数减小;反之,清洁、干燥接触面的黏着系数就较大。

如果在接触面上撒少许粒细、坚硬、干燥和清洁的砂子,则能显著提高黏着系数。

(2)运行速度。运行速度越大,黏着系数越小。

(3)车轮和钢轨材料的材质。坚硬的材料相互接触时,表面不平的材料质点彼此不易相互切削,因而黏着系数较大。反之,若两种不同硬度的材料相互接触,在接触区内,硬度大的材料把硬度小的材料的凸峰削去,从而使黏着系数减小。

(4)车轮的滑动。由于车轮踏面有锥度,各主动车轮尺寸(主要是直径)不相等(制造上的误差和磨损不一致等)和机车行经弯道时,由于内外轮通过的路程不同等原因,个别车轮产生滑动是不可避免的,因而会大大减小机车的黏着系数。

(5)各牵引电动机的机械特性的实际差异。电动机在制造过程中的误差,使其机械特性实际存在着差异。

上述五点都影响着电机车的黏着系数,前两项是主要原因。

对于煤矿井下运输,电机车的黏着系数可以这样选取:撒砂启动时为 0.24;撒砂制动时为 0.17;不撒砂制动时为 0.12。

(三) 机车的制动力

在矿用电机车牵引的列车中,只是在电机车上装备了制动装置——手动机械闸、电气制动和空气压缩制动系统。而矿车没有制动装置。因此,列车制动时所需的制动力全部由电机车给出。

电机车上机械制动力是当电动机电源切断后,列车靠惯性向前运行,人为施加闸瓦上一个力,这个力作用在车轮上便产生了制动力,使列车运行速度降低并迅速停车。

机车的制动力就是闸瓦施加在车轮上的正压力和闸瓦与车轮摩擦因数的乘积。

制动力的大小取决于两个因素:

(1) 闸瓦与车轮间的摩擦力。

(2) 车轮与钢轨间的黏着条件。

当制动力过大时,车轮被闸瓦抱死在轨道上滑行,这样不仅使车轮产生不均匀的磨损,而且降低了制动效果,所以,为了在制动过程中使车轮能继续旋转,且产生制动效果,也就要求司机在施闸时不要过猛、过急,也不要任意加大闸瓦上的压力。

二、列车的制动距离

(一)《煤矿安全规程》的规定

《煤矿安全规程》规定:列车的制动距离每年至少测定 1 次。运送物料时不得超过 40 m;运送人员时不得超过 20 m。

列车的制动距离是指在列车运行过程中,当机车司机发现前方线路上有障碍物,或机车发生故障,及其他必须紧急制动停车的情况时,从司机开始反应刹车到列车完全停车时,列车通过的全部路程。列车制动距离也是对机车司机技术操作水平、机车制动系统完好状况、轨道质量状况以及列车行驶速度和组列合理性的全面检验。同一台机车在相同速度的情况下由不同操作水平的司机操作,会出现不同的制动距离。因此应每年至少对列车制动距离进行一次测定。

制动距离的规定是根据目前电机车照明灯有效照射距离而确定的,也就是说,司机在司机室瞭望行驶的前方 40 m 处有异常情况时(障碍物),可以发现,立即采取刹车措施(风、电、机械闸和撒砂同时使用),可以使列车能在 40 m 之内停住,不至于撞着障碍物。对于载人的列车,为了更可靠地不在运行中发生正面冲突和追尾事故,把安全系数提高一些,规定制动距离为 20 m。

(二)列车制动试验的条件

列车制动试验应以实际运行的最大载荷、最大速度在最大坡度的线路上进行。

列车的制动试验只有在上述三种特定条件下进行,并且列车的制动距离符合《煤矿安全规程》的规定,才能保证列车在其他地段,小于最大速度和最大载荷的情况下,在《煤矿安全规程》规定的制动距离内实现可靠制动,有效地防止撞人、追尾事故的发生。

列车制动距离的测定应以司机开始操作施闸手轮或电闸手把和脚踩脚踏开关时的位置为测量起点,以列车施闸后完全停止时的位置为终点,这两点间线路的长短则为列车制动距离。制动距离中包含空动距离。

(三)机车在规定制动距离内停车应采取的措施

(1)按规定数牵引车辆,不超载行驶。电机车拉车数是经过计算才确定的,它是依据机车行驶过程中的具体情况作为初始数据,故具有严格的科学性。电机车的拉车数也不是几吨机车就拉几吨货物。一般情况下,一台电机车能牵引超过自己重量几倍的货物,如一台 5 t 电机车,能牵引近 10～20 个满载煤炭的 1 t 矿车,即牵引货载(包括矿车自重)超过机车重量的 3～5 倍。

(2)不超速行驶,不开飞车。列车行驶速度,根据所选电机车的型号的不同有很大差别,它关系到安全运行和运输效率,不能为了完成任务而多拉快跑,必须在列车规定速度范围内安全行驶。

(3)保证电机车完好,特别是制动装置要符合完好标准的规定。

(4)操作中严格按操作规程操作。

第二节 井下杂散电流

一、杂散电流产生的原理

任何不按指定通路流动的电流叫杂散电流。在煤矿井下通常将直流牵引网路的直流漏电电流叫做杂散电流,由于它是以泄漏形式出现的,因此也称泄漏电流。

杂散电流是这样产生的:在架线电机车的牵引网路中,直流架线电机车的电流是经过钢轨构成返回电路的,但钢轨与大地不可能是绝缘的,所以,总有一部分电流流经大地,或流经金属管道和铠装电缆外皮,最后返回牵引变流所,形成了杂散电流,如图11-1所示。此外,架空线的绝缘不良也产生杂散电流。

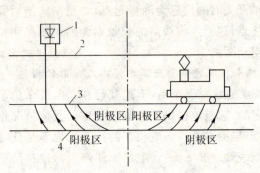

图 11-1 杂散电流的产生与分布

1——牵引变流所;2——架空线;3——轨道;4——金属管道

杂散电流的大小取决于架空线对地的绝缘程度和轨道电阻的

大小。轨道的电阻越大,沿轨道的电压降就越大,杂散电流也就越大。

杂散电流的大小也与负荷的大小有关,因为负荷越大,沿轨道的电压降也就越大,那么杂散电流就越大。

二、杂散电流的危害与防治

(一)杂散电流的危害

由于杂散电流对井下安全生产危害很大,因此在电机车牵引网路中,应特别注重预防这个问题。杂散电流的危害主要表现在以下两个方面。

1. 对邻近金属管道和铠装电缆金属外皮造成腐蚀

井下大地中的杂散电流,流动中遇到电阻较小的导体,如金属管道、铠装电缆的外层钢丝、钢带、铅包层,就会沿着这些电阻较小的导体流回电源,构成一个地电流回路。这些地电流回路中的导体,由于地电流的作用,会加快腐蚀金属管道和铠装电缆外皮,缩短其使用寿命。

2. 可能引起瓦斯、煤尘爆炸或超前引爆电雷管

由于地电流回路中的各段导体的电阻系数不相同,有的地段电阻系数很高,最高的地方是不同导体的连接处,因为接触不良而产生电火花。这些电火花有可能引起井下瓦斯、煤尘爆炸。若轨道距离工作面较近,杂散电流可使电雷管超前引爆,造成伤亡事故。

此外,由于采、掘区域杂散电流的存在,因此有可能造成低压漏电保护装置的误动作。

(二)杂散电流的防治

关于杂散电流的防治,应按原煤炭部颁发的《煤矿井下牵引网络杂散电流防治技术规范》执行。其主要防治措施如下。

1. 改变两个电阻值

(1)减小钢轨接头电阻值。对架线电机车线路上所有钢轨

（道岔）的接缝处，必须用导线或采用轨缝焊接工艺加以连接。连接后每个接缝处的电阻，必须符合《煤矿安全规程》的规定。

（2）增大钢轨与大地的接触电阻。保持道床清洁、干燥，没有淤泥、积水或其他杂物。对沿线金属管路和金属铠装电缆（涂防腐漆外）铺设支点增加绝缘，也可增加杂散电流过渡电阻，减少杂散电流。

2. 限制杂散电流的扩散范围

架空线必须有不少于两道的绝缘，绝缘瓷瓶要定期清扫，保持清洁和完好，减少架空线对地的漏电；在与架线电机车线路相连通的轨道上有钢丝绳跨越时，钢丝绳不得与轨道相接触；设置轨道绝缘点，在不回电的轨道和架线电机车回电轨道之间，必须加两个绝缘点，第一个绝缘点设在两种轨道的连接处，第二个绝缘点设在不回电的轨道上，其与第一个绝缘点必须大于 1 列车（斜巷一串车）长度。绝缘点处应无积水，绝缘电阻值不应小于 50 kΩ。这样就把掘进头的轨道、采区中的轨道与架线电机车的轨道隔开，避免杂散电流流到掘进头或者采区中去。

3. 减少加在轨道上的负荷电流

设置回流线法。在两平行轨道之间每隔 50 m 应连接 1 根断面不小于 50 mm² 的铜线或其他具有等效电阻的导线，或者可以在轨道适当的地点接上回流线，如图 11-2 所示。回流线可用

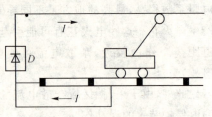

图 11-2　回流线设置示意图

废旧电缆接成，断面（截面）按负荷大小来计算，电缆应与大地绝缘，以减少通过轨道内的电流，降低牵引网路的电压降，提高轨道回流效果，防止机车运行中车轮与轨道之间产生电弧火花。

4. 缩短供电半径,增设变流所

供电线路的长短直接影响着轨道压降,供电距离越远,轨道压降越大,杂散电流也就越大。因此,缩短供电半径,增设变流所,就可使杂散电流大幅度下降。目前,有的国家对供电半径的要求是不超过 1.5 km,例如波兰。

5. 做好杂散电流的测试与分析工作

定期测试杂散电流,掌握杂散电流的变化情况。在杂散电流较大时,分析其影响原因,并采取相应措施,减少杂散电流。如果有条件可以采取智能化监测控制,对杂散电流进行连续监测。

总之,只要将杂散电流的防治贯彻落实到运输系统的设计、安装、运行及维护等工作中,就能有效地控制杂散电流的危害。

复习思考题

1. 简述列车运行的三种状态。
2. 列车牵引力大小取决于什么因素?
3. 什么是黏着质量?影响电机车制动力的因素有哪些?
4. 什么是杂散电流?有什么危害?如何防治?

第十二章　架线电机车的供电系统

煤矿井下架线电机车运输供电系统系指架线电机车牵引变流所和牵引网路,其供电系统主要由牵引变流所、馈电线、架空线、轨道、回流线组成,如图 12-1 所示。

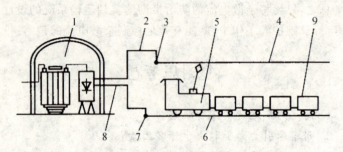

图 12-1　架线电机车运输供电系统

1——牵引变流所;2——馈电线;3——馈电点;4——架空线;
5——架空线电机车;6——轨道;7——回流点;8——回流线;9——列车

第一节　架线电机车牵引变流所

牵引变流所由安装在井下机电硐室的交流配电设备、直流配电装置组成。其任务是把交流电源变为直流电源,向牵引电网供电,如图 12-2 所示。

交流配电装置的作用是向交流设备提供保护功能齐全的交流电源。

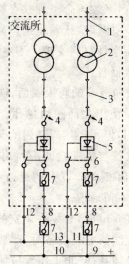

图 12-2　两台整流装置的牵引变流所主接线

1——整流变压器一次侧电缆；2——整流变压器；3——整流变压器二次侧电缆；

4——整流装置自动开关；5——硅整流元件；6——整流装置直流出口开关；

7——分区开关；8——馈电电缆；9——馈电点；10——接触线；

11——轨道；12——回流线电缆；13——回流点

变流设备是牵引变流所的核心设备，其作用是将交流电源变为直流电源，由整流变压器和硅整流元件组成，并有良好的安全保护功能。

一、牵引变流所的位置

牵引变流所的位置经技术经济分析确定，一般在井底车场中央变电所附近或两者隔间设置。当运输距离较长、机车数量较多时，为保证牵引电网供电质量，经合理的供电半径计算后，可在运输线路的中央或其他地方增设。

二、牵引变流所（硐室）的规格质量要求

根据《煤矿安全规程》第四百六十条至第四百六十五条的有关

规定,牵引变流所(硐室)必须符合下列几点要求:

(1)变流所硐室必须砌碹,从硐室出口防火铁门起 5 m 内的巷道应砌碹或用其他不燃性材料支护。硐室内必须设置足够数量的扑灭电气火灾的灭火器材。

(2)硐室必须装设向外开的防火铁门,铁门全部敞开时,不得妨碍运输。铁门应装设便于关严的通风孔。装有铁门时,门内可加设向外开的铁栅栏门,但不得妨碍铁门的开闭。

(3)硐室内各种设备与墙壁之间应留出 0.5 m 以上的通道,各设备相互之间,应留出 0.8 m 以上的通道。对不需从两侧或后面进行检修的设备,可不留通道。

(4)硐室长度超过 6 m 时,必须在硐室的两端各设 1 个出口。

(5)硐室内装有带油的电气设备时,严禁设集油坑。

(6)硐室入口处必须悬挂"非工作人员禁止入内"字样的警示牌。硐室内必须悬挂与实际相符的供电系统图。

三、牵引变流所的设备选型原则

以《煤矿安全规程》为依据,结合我国的实际情况和可能的条件进行选择。一般煤矿井下应选用"矿用防爆型"。

四、整流装置的电气原理简介

从图 12-3 可知,660 V 电源经自动开关 ZK 送到整流变压器 B_1,变换的低压送到整流器 GZ(由二极管组成的桥式整流器),整流后输出的直流电经继电器、开关等送到架空线。

保护回路采用电阻、电容组成一个三角形阻容保护回路,接在变压器低压侧与整流之间,防止操作自动开关 ZK 时引起的操作过电压。当系统过负荷时其多余的能量可储存在电容器中或消耗在电阻上,反之,系统电压低阻容保护又把储存的能量反馈到整流装置。

操作回路主要由短路保护 RD_2、过流保护 ZK(自动开关)和过电流继电器 JZ 等进行保护。

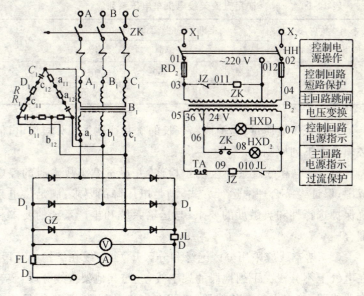

图 12-3　整流装置电气原理图

第二节　架线电机车牵引网路

　　井下电机车牵引网路由馈电线、架空线、轨道、回电线、分段开关、分段绝缘等组成。牵引网路的作用是供给架线式电机车直流电源并组成电机车电流通路。

一、牵引网路的供电

　　牵引网路的供电电压应符合《煤矿安全规程》第三百五十五条的规定，不得超过 600 V。国家标准《直流电力牵引额定电压》的规定中，对矿用直流架线电机车电压系列的规定见表 12-1。

表 12-1 矿用直流架线电机车电压系列

牵引变流所母线上的电压(额定值)/V	电机车变电器上的电压/V			备注
	最小值	额定值	最大值	
660	375	550	660	窄轨
275	170	250	330	

为保证供电质量,运输线路较长的矿井往往采用分段供电,但必须遵守下列原则:

(1)供电和分段系统应便于检修,并尽量缩小故障时的停电范围;保证经济合理的运行方式,满足电压降的要求;满足供电系统保护选择性和灵敏度的要求;与运输系统和生产系统的要求相配合。

(2)架空线应采用分区绝缘和分区开关,架线在结构上分段,在电气上不分段。下列地段的架空线,应与其他架空线分段:装卸作业线路,检查电机车的线路,电机车车库的线路,运送人员的车场或站台,平硐口,区间与主要车场之间,井底运输巷道与两翼大巷衔接处,其他专用线路。

(3)必要时,平行双轨线路接触线之间也应进行分段,当一条线路发生故障时,要保证另一条线路能正常行车。

(4)平行两接触线用一回馈电线供电时,应设电气连接,两电气连接线之间的距离,一般不大于 150 m。

二、馈电线

馈电线是牵引变流所正母线与架空线之间的连接线。馈电线分两类:一是电缆馈电线;二是架空馈电线。

三、架空线(接触线)

牵引电网中的架空线是一种特制的带双沟槽的专用线,既导电又耐磨,便于架设,按材质可分为铝合金电车线、钢铝电车线和铜电车线三种。

煤矿井下窄轨电机车架空线悬挂方式有两种:

(1)硬性悬挂。它的吊线器固定在型钢(工字钢、槽钢、铁道等)上,型钢两端用水泥注在碹壁中,因此,它的吊线点无弹性,只可用于行车速度小于 10 km/h 的线路运输。

(2)弹性悬挂。弹性悬挂是把吊线器悬挂在横吊线上,横吊线采用镀锌铁线或镀锌钢线做成,两端固定在巷道壁或棚腿上。弹性悬挂对架空线造成有效缓冲,减小了集电器与架空线接触的摩擦力,使架空线的损耗小,得到广泛应用。

架空线至轨道面算起的悬挂高度应符合《煤矿安全规程》第三百五十六条的规定:

(1)在行人的巷道内、车场以及人行道与运输巷道交叉的地方不小于 2 m;在不行人的巷道内不小于 1.9 m。

(2)在井底车场内,从井底到乘车场不得小于 2.2 m。

(3)在地面或工业场地内,不与其他道路交叉的地方不小于 2.2 m。

架空线与巷道顶棚之间的距离不得小于 0.2 m。悬吊绝缘子距电机车架空线的距离,每侧不得超过 0.25 m。

为防止集电器在一点磨损而过早损坏,架空线在直线段应架成"Z"字形。一般用 8 个悬挂点为一个循环,其左右偏差值为 100~150 mm。

架空线悬挂点间距应符合《煤矿安全规程》第三百五十七条的规定:在直线段内不得超过 5 m,在曲线段内不得超过表 12-2 规定值。

表 12-2　　电机车架空线曲线段悬挂点间距最大值

曲率半径/m	25~22	21~19	18~16	15~13	12~11	10~8
悬挂点间距/m	4.5	4	3.5	3	2.5	2

为了保证电机车正常安全运行,对架空线要经常巡视检查,巡

线检查包括下列内容。

(1) 架空线检查包含下列内容：

① 架空线在同一处磨损面积超过总面积的 15%。

② 硬弯修复后产生断裂或严重变形。

③ 钢铝电车线开裂的缝隙大于 0.5 mm,长度超过 80 mm。以上均需处理或更换。

④ 架空线挠度误差不应超过 $^{+2.5}_{-5.0}$%。

⑤ 直线段的"Z"字形要认真进行调整,其误差不应大于规定值的±10%。

⑥ 架空线悬挂点高度应符合《煤矿安全规程》规定,允许误差不应大于±20 mm。

(2) 各种线夹连接应符合下列要求：

① 连接部位应涂一层中性润滑油。

② 线夹连接严密,夹口中无杂物。

③ 连接部位不应有偏扭和开裂现象。

④ 有色金属导电的线夹的连接电阻应小于等长电车线电阻值的 1.2 倍;通过持续额定电流时,不应产生过热现象(铝不超过 80 ℃,铜不超过 100 ℃,对于铁制品温度不超过 125 ℃)。

(3) 拉线有无松动、断股或腐蚀,拉线的基础应稳定。

(4) 绝缘子、瓷吊线器和金属表面应清洁、无裂纹或破损,其绝缘电阻值不应低于 20 MΩ。

(5) 分区绝缘器绝缘良好,安装紧密牢固,集电器通过时平稳,不刮集电器。

(6) 馈电线夹通过持续电流时,不产生过热现象。

(7) 承力索、张力调节器应符合下列要求：

① 挠度最大时,螺纹调节余量应不小于总调节长度的 70%。挠度最小时,螺纹调节余量应不大于调节总长度的 30%。

② 涂防锈剂、沥青防水层。

（8）分区开关动作灵活、接触良好，不应发热。

停电维修作业，应遵守停送电制度。检修前应对架空线进行接地放电，确定无电后，方可开始维修工作。

维修地点及附近，如可能有行人或机车通过时，维修地段的两端应设信号或由专人看守。

四、回流线

回流线分为导线回流线和轨道回流线。

导线回流线就是变流所至轨道间的导电线。

回流线主要指轨道回流线。架线电机车的行车轨道是回电流的导体，为了使轨道较好地回流，应减小轨道接头处的电阻；同时也为防止回电电流窜入不回电的轨道和其他设施中造成危害，所以《煤矿安全规程》第三百五十四条规定：

（1）两平行轨道之间，每隔 50 m 要连接 1 根断面不小于 50 mm^2 的铜线或其他具有等效电阻的导线。

（2）线路上所有钢轨接缝处，必须用导线或采用轨缝焊接工艺加以连接，连接后每个接缝处的电阻，不得大于下列规定：

① 15 kg/m 钢轨，0.000 27 Ω；

② 18 kg/m 钢轨，0.000 24 Ω；

③ 22 kg/m 钢轨，0.000 21 Ω；

④ 24 kg/m 钢轨，0.000 20 Ω；

⑤ 30 kg/m 钢轨，0.000 19 Ω；

⑥ 33 kg/m 钢轨，0.000 18 Ω；

⑦ 38 kg/m 钢轨，0.000 17 Ω；

⑧ 43 kg/m 钢轨，0.000 16 Ω。

（3）不回电的轨道与架线电机车回电轨道之间，必须加以绝缘。第一绝缘点设在两种轨道的连接处；第二绝缘点设在不回电的轨道上，其与第一绝缘点之间的距离必须大于 1 列车的长度。对绝缘点须经常检查维护，保持可靠绝缘。

在与架线电机车线路相连通的轨道上有钢丝绳跨越时,钢丝绳不得与轨道相接触。

复习思考题

1. 架线电机车的供电系统由哪几部分构成?

2. 井下电机车牵引网路由哪几部分构成?

3. 对电机车架空线的巡线检查包括哪些内容?

4.《煤矿安全规程》对架空线至轨道面算起的悬挂高度有哪些规定?

5. 为了使轨道较好地回流,《煤矿安全规程》对架线电机车的行车轨道有哪些规定?

第十三章　蓄电池及隔爆插销连接器

第一节　蓄　电　池

能将化学能转变成电能，又能将电能转变成化学能储蓄起来可反复使用的电池叫蓄电池或二次性电池。

根据电极和电解液所用物质不同，蓄电池一般分为酸性蓄电池和碱性蓄电池。

蓄电池的使用年限或按厂家规定的充放电循环次数叫蓄电池的使用寿命。极板的容量在最初几个循环内逐渐上升，达到容量最大值，以后一段时间保持恒定，然后开始下降。蓄电池的容量下降到额定容量的 70%～80% 时，就认为它的寿命已经终结。酸性蓄电池的寿命不低于 750 个充放电循环；碱性蓄电池的寿命大约为 2 000 个充放电循环。若管理使用和维护保养不当，充电不足或过充电、过放电，蓄电池的寿命都会大大降低。

蓄电池的充电分为初次充电与日常充电。新蓄电池注入电解液后的第一次充电称为初次充电；初次充电后的每次充电均称为日常充电。蓄电池的充电、放电过程及要求如下。

（1）初充电：

① 初充电时所注入的电解液应高于防护板 15～25 mm，静止 2 h 后电解液温度必须降低到 40 ℃以下方可充电。电解液的比重（相对密度）应按使用说明书中的规定（为 1.25 左右）。

② 充电电源所需电压可用被充电电池的串联个数，乘以 3 V

计算,即每只蓄电池的充电电压为 3 V。

③ 初次充电时应旋去加水帽,放出产生的气体,以免内部气体过多而胀破电池槽。

④ 初次充电一般比日常充电时间要长一些。初次充电分两个阶段,第一阶段按说明书要求充电电流要大,使每只蓄电池端电压升为 2.4 V 为止;第二阶段降低充电电流,使每只蓄电池端电压稳定在 2.6 V,电解液比重在 3 h 内基本不再上升,电解液表面冒出大量气泡为止。

⑤ 初次充电时电解液温度不应超过 40~43 ℃,充电时要及时观察,最好使用人工通风,用风扇给予冷却气流,若温度仍然超过规定值,则应降低充电电流或暂停充电,停止时间不准超过 2 h。

(2) 日常充、放电:

① 彻底检查充电的蓄电池组,特别注意检查电接触点是否良好,并除去污垢。

② 检查蓄电池组的电压及各蓄电池中电解液的比重和液面高度。若电解液未能淹没极板,及时添注电解液,并补充蒸馏水,禁止添加河水、井水或自来水等。

③ 日常充电也分为两个阶段,第一阶段充电电流要大,一般为 34~45 A,到每只蓄电池端电压升到 2.4 V 为止,时间为 7~10 h;第二阶段要降低充电电流,一般为 20 A,到蓄电池端电压稳定在 2.6~2.7 V,电解液冒出大量气泡为止,时间约为 3~5 h。

④ 充电过程中要经常检查全部蓄电池的端电压、电解液的比重和温度,发现个别温度超过 40 ℃时,须切断电源,冷却 1~2 h 后再继续充电。

⑤ 蓄电池组充电,必须打开塞子通气、冷却,充电完毕,充分冒气后再将旋塞拧好。

⑥ 蓄电池在放电过程中端电压逐渐降低,蓄电池的端电压降到 1.70~1.75 V 时应停止蓄电池组放电,然后进行再充电。否

则,蓄电池的极板可能受损甚至破坏。

蓄电池在各种放电率的终止电压是:1 h 放电率为 1.70 V;3 h 或 5 h 放电率为 1.75 V;蓄电池组 5 h 放电率为 $1.75n$ V(n 为蓄电池个数)。

要尽量避免完全放电的情况发生,这对电池寿命影响很大,会使极板硬化。已完全放电的蓄电池应在 24 h 之内进行充电。

一、酸性蓄电池

（一）酸性蓄电池的结构

酸性蓄电池由正极板、负极板、隔板、电解液和电池槽组成。

正负极板间的绝缘采用微孔橡胶隔板或微孔塑料隔板。

电池槽与电池盖之间采用双层封口胶封口,底层为沥青封口剂,上层为氯丁胶封口剂或热封结构,确保电解液不外渗。

连接导线采用外皮耐酸的橡胶绝缘铜芯软线。

（二）酸性蓄电池的特性

(1) 放电后,正极板上深褐色二氧化铅和负极板上灰色海绵状铅都变为浅色硫酸铅。

(2) 放电后,电解液中硫酸浓度降低,而水分增加,因此密度下降。

(3) 放电后内阻增加,端电压降低。

(4) 充电与放电相反,在充电将要结束时,在正负极板上分别析出氧离子和氢离子,从而产生大量气泡。

二、碱性蓄电池

（一）碱性蓄电池的结构

碱性蓄电池由正极板、负极板、隔板、电解液和电池槽组成。

正负极板间用聚丙烯制成的隔板栅隔离,固定在相对位置并保持一定的距离。

极柱采用软、硬相结合连接,在箱体内采用硬连接,周围采用软连接,连接线与极柱采用双螺母连接,并用胶涂抹,成为本质安全型电源。

（二）碱性蓄电池的特性

（1）蓄电池经 3 年保存仍能达到主要性能要求。

（2）蓄电池能在 −20 ℃ 的情况下使用，但其容量较常温时低。

（3）能承受过充电和过放电，并能用 1 h 放电制电流放电。但不宜长久连续以 1 h 放电制电流放电使用。

三、蓄电池电源装置

蓄电池电源装置是将蓄电池组装在由钢板焊接而成的箱体内构成，它是蓄电池电机车的供电电源。

按电源装置的防爆性能分为增安型（Exe）、隔爆型（Exd）和防爆特殊型（Exs）三种。

（一）增安型电源装置

增安型电源装置的蓄电池箱是用钢板焊接成长方形电池箱，箱内又用两块钢板隔成三个蓄电池室，存放蓄电池。每室均有一个放液孔，箱内壁涂有耐酸绝缘覆盖层，以防腐蚀。蓄电池装入箱内以方木挤紧，以防蓄电池窜动，损坏接线柱，箱体上有活动盖板，以防掉进金属物，使蓄电池短路。

蓄电池电源装置在结构上采取了一定措施，使其在正常运行时不会因产生电弧、火花而点燃周围可燃性爆炸混合物，但是这种电源装置在故障状态下不能保证安全，因此它的使用范围受到一定的限制。

（二）隔爆型电源装置

隔爆型电源装置为长方形密闭隔爆箱体，箱上有一个可旋转的圆盖。圆盖旋转手把旋到"开"的位置时，即可用吊车将圆盖打开；手把旋到"关"的位置，箱体圆口的止口进入圆盖槽内，圆盖就不能打开，箱与盖有闭锁螺栓，使电源装置的盖在电机车行驶中不能转动。隔爆箱体用钢板焊成，箱内有十字筋板，把箱体分成均等四份。箱四壁有加强筋板,箱体内壁及箱底贴有耐酸绝缘胶板,保证电源装置绝缘良好。箱底设有一个耐酸不锈钢制成的防爆泄酸阀,可将溢出的电解液用清水冲洗,通过阀排出。

箱体内部中间设有消氢装置,即触媒剂——镓,使蓄电池放电所产生的氢气几乎全部与氧气化合成水,保证电源装置内不积聚爆炸性的氢气。蓄电池组正负两极引出线接在防爆接线盒内铜导电杆上,通过铜芯多股不延燃橡套电缆经隔爆连接装置引出箱外。隔爆电源装置还装有测氢仪表,经常监测箱内氢气含量。

（三）防爆特殊型电源装置

防爆特殊型电源装置,是对蓄电池和蓄电池箱采取了特殊的防爆措施,尽可能地减少电源装置的漏电电流,消除和防止产生高温和电火花,把箱内氢气的聚积降到最低程度。

1. 防爆特殊型电源装置的特点

（1）防爆特殊型电源装置的外形如图 13-1 所示。其电池组的连接采用双极柱焊接结构,并且每个单极柱都能承受满负荷的最大回路电流,裸露的导体用橡胶绝缘护套加以保护,这样即使一个极柱损坏,电池上部也不会产生火花。

（2）蓄电池箱开有足够的通气面积,保证箱内无氢气聚积;电池注液口装有特殊工作栓,使氢气不易聚积而容易散出,可防蓄电池被气体胀破。

（3）蓄电池箱体与箱盖采用防水、防外物结构,能防止滴水进入电源装置内部,使蓄电池外表面潮湿而增大漏电电流;箱盖具有一定的抗冲击强度,能承受 75 J 的冲击试验,从而提高了运行中的安全程度。

（4）蓄电池箱、盖之间设有只有用专用工具才能打开的闭锁装置,保证离开充电室后,电源装置上盖打不开。

（5）蓄电池箱内壁涂有优质耐酸绝缘物覆盖层,耐酸覆盖层绝缘电阻不小于 5 MΩ,避免因电源装置漏电电流过大产生高温

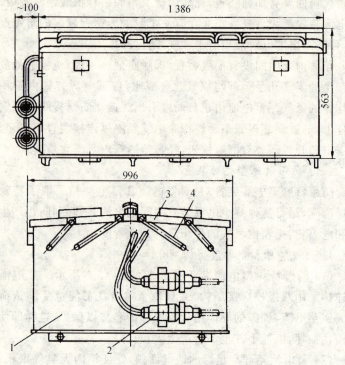

图 13-1　防爆特殊型电源装置外形图

1——箱体；2——插销连接器；3——箱盖；4——四连杆机构

和电火花而引起爆炸。

（6）电池槽、盖采用不易破裂的抗冲击强度高和绝缘性能良好的优质塑料制成，采用优质封口剂封口，确保不开封、不漏液、不漏气，使漏电电流降低至安全火花型范围以内。

2. 防爆特殊型电源装置的技术要求

（1）电源装置中蓄电池的安装必须牢固可靠，用隔板将蓄电池隔开并楔紧，隔板的结构应有利于自然通风。

（2）电源装置中相邻的蓄电池之间最大放电电压不大于 24

V 时,极柱之间的爬电距离不小于 35 mm;当最大放电电压大于 24 V 时,则每超过 2 V,爬电距离应增加 1 mm。

（3）电源装置内部（不包括蓄电池内部）的任何地方,氢气浓度（体积比）不得超过 0.3%。

（4）电源装置应有良好的绝缘性能,蓄电池组极柱对蓄电池外壳（地）的绝缘电阻值应符合表 13-1 的要求。

表 13-1　蓄电池组极柱对蓄电池组外壳（地）的绝缘电阻

电源装置额定电压/V	最小对地绝缘电阻/kΩ
$150 < U \leqslant 200$	30
$100 < U \leqslant 150$	25
$50 < U \leqslant 100$	15
$U \leqslant 50$	10

（5）电源装置内部蓄电池连接可用耐酸铜芯软电缆或铅锑合金硬连接条与耐酸铜芯软电缆混合使用。连接线（或硬连接条）和引出线均采用双线制且每根连接线（或硬连接条）应能承受回路额定电流。

（6）电源装置中连接线或硬连接条与蓄电池的连接可采用焊接或其他方法,连接必须牢固可靠,其接触电阻（从极柱平面中心到接头中心）在 20 ℃时,应小于 20 $\mu\Omega$。

（7）电源装置中心连接线（或硬连接条）与蓄电池极柱连接后裸露带电部分须有可靠的耐酸绝缘护套,并留有测量用的小孔。

（8）电源装置的引出线与其他电气设备的连接应采用矿用隔爆型连接装置,该装置必须牢固地固定在蓄电池组外壳上,引出线通过蓄电池组外壳处应添加绝缘物（如套管）,并对绝缘物两端加以固定。

（9）蓄电池组外壳上盖与蓄电池顶端间隙应不小于 10 mm。

（10）电源装置中连线两端极柱间的温差不得大于 5 ℃,整个箱内极柱温差不得超过 10 ℃。

（11）吊挂式蓄电池组外壳应设吊挂装置，并能承受机车以最大速度运行而突然刹车时产生的惯性，而不影响其安全性能。

（12）电缆芯线与铅锑合金接头的铸接应牢固可靠，其两端接触电阻在 20 ℃时应小于 24 $\mu\Omega$。

（13）电缆芯线与铅锑合金接头的连接处应具有耐酸性能，经过耐酸试验后，其内部结构仍不应呈现有酸液浸蚀现象。

四、矿井蓄电池室的安全规定

《煤矿安全规程》规定如下：

（1）井下充电室必须有独立的通风系统，回风风流应引入回风巷。

井下充电室，在同一时间内，5 t 及其以下的电机车充电电池的数量不超过 3 组、5 t 以上的电机车充电电池的数量不超过 1 组时，可不采用独立的风流通风，但必须在新鲜风流中。

井下充电室风流中以及局部积聚处的氢气浓度，不得超过 0.5%。

（2）准备和装添电液，必须使用专用器具，工作人员必须戴防护眼镜、口罩和橡胶手套，系橡胶围裙，穿胶鞋。

调和和储存电液，必须使用有盖的瓷质、玻璃质等容器。调和酸性电液时，必须将硫酸徐徐倒入水中，严禁向硫酸内倒水。

（3）充电室必须备有中和电液的溶液，以备电液灼伤时使用。

（4）充电室必须设置水源，如无条件设置水源时，亦要设置临时储水池，以备经常冲洗蓄电池使用。还必须设置必要的仪表，如电压表、点温计、比重计和温度计等。

第二节　隔爆插销连接器

隔爆插销连接器是蓄电池电机车的电源装置与用电设备之间

或蓄电池充电时作为蓄电池与充电电源之间的连通装置。

一、插销连接器的结构

插销连接器的结构如图 13-2 所示,它的"＋"极与"－"极均做成独立的,各由插座和插销两部分组成。插座用螺栓固定在蓄电池电源装置的箱体上,插销可以自由拔开。插座内静触头 2 固定在绝缘座 3 内,它的一端与熔断体 7 相接触,另一端伸入接线室 14 内,与从蓄电池电源装置引入的两根并联的非延燃电缆连接。当插销拔出后,借助弹簧 5 和绝缘套 6,使熔断体 7 与静触头 2 断开而不带电。

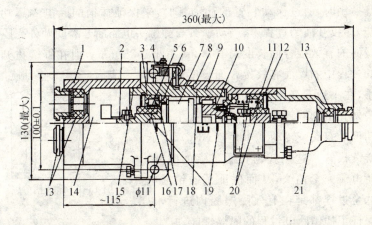

图 13-2　QCL10 型插销连接器

1——插座盖;2——静触头;3——绝缘座;4——扣片;5——弹簧;6,12——绝缘套;
7——熔断体;8——插销外壳;9——插座外壳;10——动触头;11——触头座;
13——密封圈;14,21——接线室;15,16,17,18,20——防爆接合面;19——正负标记

插销外壳 8 内装有动触头 10,用软电缆与触头座 11 相连,触头座 11 的一端伸入接线室 21 与外部电缆连接。插座外壳上装有一圆形防尘盖,当插销拔出后,圆形防尘盖在弹簧的作用下自动盖住插座外壳圆孔,一方面遮盖了裸露带电部分的静触头,另一方面

为更换熔断体提供了方便。

二、插销连接器的作用

（1）在无载的情况下，接通或断开蓄电池电源装置与电机车电气设备或蓄电池电源装置与充电设备之间的连接。

（2）插销连接器内装有熔断器，可对电机车主电路起到过载和短路保护作用。

（3）当蓄电池充电时，作为蓄电池与充电电源连通之用。

三、插销连接器的徐动机构

插销连接器徐动机构是插销的机械联锁装置，它的作用是：拔开插销时，通过徐动装置的徐动延时，来保证插销的断电隔爆功能，即拔开插销过程中，当动触头与静触头电路断开瞬间两外壳隔爆面的有效接合面长度尚有富余（不小于25 mm），但在继续拔开的过程中隔爆面有效接合面长度逐渐减小，在小到不符合规定（25 mm）之前，插销外壳上的铆钉必须沿插座外壳上的徐动槽（图13-3）转动一个角度（30°），才能继续拔开。这样就延长了足够的时间，使电流完全消失，从而保证了插销断电的全过程都是在有效隔爆腔内进行，也保证了插销断电过程的隔爆性能。

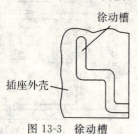

图 13-3 徐动槽

四、插销连接器使用注意事项

（1）插销连接器的插入和拔出，都必须在断开负荷后进行。

（2）插销插入后，插座上的扣片必须将插销扣住，使其不能自行脱出。

（3）插销拔出后，插座上的圆形防尘盖必须在弹簧的作用下，能自动将插座外壳口盖住。

（4）插销与插座的隔爆接合面的间隙不得大于0.6 mm，插座孔及插销外圆的表面粗糙度应符合标准，插销拔出后应放置于专用的托架内,隔爆接合面不得黏沙子,更不要碰撞、划出机械伤痕,使其失去防爆性能。

（5）不得任意取消与徐动槽相匹配的铆钉,保持装置可靠。

（6）熔断体熔断后,必须更换同型号同规格的熔断体,不得使用其他型号和规格的熔断体代替,严禁使用铜丝、铝丝、铁丝等非熔断体代替。

（7）电缆引入装置必须符合防爆标准规定。

矿用蓄电池电机车及配套的电气设备,如防爆特殊型电源装置、隔爆电阻器、隔爆电动机、插销连接器、防爆照明灯、控制器等均应在外壳明显处按要求设置安全标志。

复习思考题

1. 简述碱性蓄电池的特性。

2. 蓄电池电机车按电源装置的防爆性能分为哪几种?

3. 《煤矿安全规程》对矿井蓄电池室有哪些规定?

第四部分
中级电机车司机技能要求

第十四章　电机车的维修与验收

第一节　电机车的维修

一、架线式电机车日常维护的内容

架线式电机车司机除按交接班的规定进行检查外,还应配合修理工按《电机车完好标准》每日进行一次日常维护的检查与处理,以保持设备的完好状态。其内容如下:

(1) 清除闸瓦及调节螺杆的泥垢,检查闸瓦磨损程度。当闸瓦的磨损超过规定(余厚小于 10 mm)和同一制动杆上两闸瓦厚度差超过 10 mm 时,要进行更换;同时调整闸瓦间隙,使闸瓦与车轮踏面的间隙为 3～5 mm,接触面积不小于 60%。

(2) 检查车轮有无裂纹及轮箍是否松动,当车轮踏面凹槽深度超过 5 mm、轮缘厚度磨损超过 8 mm、轮缘高度超过 30 mm 时,应及时汇报调度或领导,以便安排修理或更换。

(3) 检查传动齿轮的情况,当发现齿厚磨损超过原齿厚的 25% 时,应及时汇报;检查齿轮罩有无松动,松动的应及时紧固好。

(4) 检查车架弹簧有无裂纹及损坏,清除弹簧上的泥垢,在铰接点及均衡梁的注油点处注油。

(5) 检查车体及各部位的紧固螺栓、销轴和开口销,发现有松动和缺少的要紧固和补齐。电动机吊挂处要仔细检查,发现问题立即处理。

(6) 检查连接装置,损伤和磨损过限的必须更换。

（7）检查撒砂装置的工作情况，处理堵塞砂管现象，并调整砂管位置使其与车轮、轨道面的距离符合要求且方向准确。

（8）检查制动系统的杠杆、销轴是否灵活，并进行注油。

（9）检查空气压缩机的运转情况、风管是否漏风，并放出储气罐及油水分离器内的废油和积水，清除空气滤清器内的灰尘。

（10）检查空气压缩机电动机和牵引电动机的换向器、炭刷及刷架情况，并用压缩空气吹掉上面的炭粉及灰尘。

（11）检查和清扫调压器。

（12）检查和调整集电器的压力，对磨损超限的滑板进行更换，框架的螺栓、销轴应齐全完整。

（13）清扫控制器和自动开关触头的尘垢，并打磨烧损的触头。

（14）检查电阻器的各接线端子，将松动的螺栓拧紧。

（15）检查电动机和轴瓦的温度（在电机车停运后立即用手触摸电动机和轴瓦的外壳的方法来检查），不应超过 75 ℃和 65 ℃。清除油箱的积尘，定期注油和换油。

（16）调整照明的光线角度并聚光，更换损坏的灯泡及熔断丝。

二、蓄电池式电机车日常维护

蓄电池式电机车日常维护的内容与架线式电机车基本相同，只是在电气方面的维护有所不同。维护内容的不同之处如下：

（1）检查电机车所有电气设备及部件之间的连接电缆是否有裸露损坏的部位，拧紧引出装置的电缆紧固螺母。防爆外壳上缺螺栓及弹簧垫圈的要补齐，并拧紧螺栓。检查防爆面的间隙。任何一个部位失去防爆性能都必须处理好，否则不得使用。

（2）检查防爆插销内的绝缘护套及熔断器，损坏的要更换，严禁用铜丝等物代替熔断丝。检查插销及插座间的防爆接合面的情况，并在其柱面上适量涂抹凡士林油。检查处理好闭锁装置及防护外盖。

（3）用手压按车灯的钢化玻璃，检查电气闭锁开关的状况，如有问题要立即处理。

（4）检查如下电源装置内部状况,发现问题要立即处理:

① 电池组间的连接线是否损坏,与极柱之间的连接是否有开焊、熔化等现象(一般型电池极柱与导线的紧固情况)。

② 补齐和更换丢失及损坏的极柱绝缘护套。

③ 检查电池槽、盖有无损坏及封口是否开裂漏酸,特殊工作栓有无损坏或丢失。

④ 检查电池有无短路、损坏现象,发现单支电池鼓包及电压明显偏低较多的应及时更换。

⑤ 检查电源箱和箱盖有无严重变形及各连接销轴有无丢失。

⑥ 隔爆型电源装置在检查后必须旋盖到位,并将闭锁装置锁好。

⑦ 每周检查一次漏电电流,其值不得超过表 14-1 的规定。

表 14-1　　　　蓄电池正、负极及箱体漏电电流

电源装置额定电压/V	允许最大漏电电流/mA
小于等于 60	100
大于 60 小于等于 100	60
大于 100 小于等于 150	45

三、电机车周检内容

电机车除正常与交接班检查外,每周必须详细检查下列各项:

（1）控制器的外壳,各触头的烧损情况。

（2）用锉刀和砂布打磨触头烧痕,烧损严重的触头应更换。

（3）总开关、熔断丝、各部螺栓、铆钉、销是否松动,电路插销是否紧固。

（4）撒砂装置是否良好。

（5）照明、照明开关、熔断丝、警铃、喇叭等装置是否良好。

（6）集电弓是否损坏,集电弓引线是否紧固或烧损,起落是否灵活。

（7）连接器和碰头有无损坏,连接装置必须安全可靠。

（8）制动装置是否安全可靠,闸瓦磨损是否超限,闸瓦要正对轮踏面;如有磨损超限应更换新闸瓦。

（9）炭刷架是否松动,接线要牢固,炭刷在刷握内上下活动是否灵活,压力是否均匀。刷与整流子的接触面不低于75%,更换磨损超限的炭刷。

（10）整流子表面有无严重烧痕和发黑现象,整流子表面温度不超过90 ℃。

（11）清扫电动机的外壳、均衡梁、电阻及控制器等。

（12）轴瓦注油和润滑齿轮及各部机件。

（13）齿轮传动装置,大小齿轮是否松动,齿轮磨损是否超限。

（14）板弹簧有无变形和断裂。

（15）检查完毕要做一次启动和制动试验。

四、电机车小修内容

小修时除包括周检的全部内容外,还应进行下列各项:

（1）矫正制动系统弯曲的反正扣。

（2）矫正所有变形的拉杆、板条和杠杆,并清扫全部机件,润滑全部连接点。

（3）整修已损坏的齿轮罩。

（4）清洗轴承箱、轴承,更换新油。

（5）电枢在转动中有无火花现象。

（6）抽出电阻,紧固各部螺栓,更换断裂的电阻片,修复已烧损的电阻引线。

（7）用摇表测定电气部分的绝缘电阻。绝缘电阻不低于0.5 MΩ(250 V电机车用500 V摇表,550 V电机车用1 000 V摇表,下同)。

五、电机车中修内容

中修时除包括小修内容外,还要进行下列各项:

(1)将电动机全部拆卸,检查车轴和车轮;轴的磨损不得超限,应无严重伤痕。

(2)检查各部轴承和更换磨损超限的轴承。

(3)修理或更换已损坏的碰头和弹簧。

(4)测电动机绝缘电阻,若低于 0.5 MΩ 时,必须进行干燥处理。

(5)检查修理插销、电阻箱、控制器和集电弓。

(6)对电机车进行涂漆。

六、电机车大修内容

电机车在大修时,除包括中修内容外,还应进行下列各项:

(1)修理电动机的整流子;整流子表面凹凸不平时,必须车圆。

(2)修理配线。

(3)更换不合格的电枢。

(4)修理车架,更换轴承箱、车轮和车轴。

(5)修理传动装置,更换磨损超过原厚度20%的齿轮;大齿轮配键,整修齿轮罩。

(6)更换损坏严重的控制器和总开关。

七、电机车竣工验收

(1)电机车检修完毕后,必须由负责检修人员和验收人员共同检查各部是否正常。

(2)单电动机和双电动机正、反转数次。

(3)带负荷试运行 24 h 后情况正常,各轴承温度不超过 55 ℃,填写竣工报告书(报告书只限于中修、大修)。

(4)验收时应按检修技术标准严格检查。

八、电机车档案资料

电机车应有档案资料,详细记录运行及检修情况。

九、蓄电池式电机车的检修记录

蓄电池式电机车的使用寿命,工作的可靠性、安全性和效率的高低,主要取决于正确的使用和维护检修。搞好蓄电池式电机车的日常维护,坚持执行预防性定期检查工作,是延长电机车使用寿命的必要措施。定期检查又是搞好电机车维护检修的基础,它包括日检、月检、季检、年审检查四种。建立电机车使用记录,能为分析研究电机车使用中发生的问题提供原始资料。使用记录包括以下内容:

(1)电机车到矿日期、入井日期、使用日期。

(2)电机车的电气设备的绝缘电阻值。

(3)传动齿轮和轴承箱的加油及换油日期。

(4)定期检查、小修、中修和大修内容及日期。

(5)电机车及主要部件发生的故障和处理日期。

(6)电机车停止使用和重新启用日期。

(7)电源装置使用日期及蓄电池充放电记录。

(8)牵引矿车种类及数量,每班有效运行时间及里程。

十、蓄电池式电机车机械部分的维护和检修

(一)传动齿轮箱和轮对的维护及检修

(1)每月向齿轮箱内补充一次润滑油,每6个月更换一次润滑油,箱内油面应使大齿轮下部浸在油中。

(2)拆修齿轮箱时,取下的轴承盖及垫片应做好记号,防止装配时发生错误。

(3)装齿轮箱的上盖时,应将接合面打磨干净涂上密封胶。

(4)大轴和纵向轴上固定齿轮的螺母及止退垫圈,一定要锁紧牢固,防止齿轮松动。

(5)齿轮厚度磨损超过15%时,应换新齿轮。

（6）每月应检查车轮磨损情况,当车轮踏面有深大于 3 mm、长大于 5 mm 的沟槽及磨损大于 5 mm 时,应取下车轮在车床上车光,轮缘厚度磨损超过 8 mm 或高度超过 30 mm 时应进行更换。同一轮对的直径差不得超过 2 mm,前后轮对的直径差不得超过 4 mm。

（二）轴承箱和轴承的维护和检修

（1）每隔 3 个月打开一次轴承箱盖检查轴承和更换一次润滑油;轴承内外套和滚柱表面严重磨损和破损时,应更换轴承。

（2）轴承箱和导向板的旷量,沿行车方向不大于 5 mm,沿车轴方向不大于 7 mm。

（3）轴承箱后壁磨损到 2 mm 时,轴承箱与轴垫圈接触磨损到 2 mm 时,应更换新的。

（三）制动装置的维护和检修

（1）经常检查制动系统的工作状况是否正常,发现有磨损超限的零部件必须更换。

（2）制动系统各部活动销轴处,每 5 d 至少加一次润滑油。

十一、特殊型电源装置的维护与检修

（一）蓄电池箱的维护与检修

（1）开关电池箱盖由专人用专用工具操作。

（2）检查电池之间的连接线时,必须在车库内进行。

（3）电池箱的所有通风孔不得有异物堵塞,确保足够的通风面积。

（4）电源装置上的防爆标记"Ex"和警告牌上"先断电,后开盖"的字样不得损坏和拆除。

（5）蓄电池之间连接导线必须是绝缘多股铜芯软线,连接导线不得受拉力,导线不应有被酸腐蚀现象。

（6）在焊接电池连接导线时,应保证焊接质量。

（7）应定期检查电池组对地漏电电流,如超过相应电流规定值(100 mA、60 mA、45 mA)时,应查出原因,排除故障后才能使用。

(8)发现电池极柱的绝缘保护套损坏时,必须及时更换。

(9)电池使用初期及使用过程中,要用一小时率电流进行放电试验。检查电池极柱焊接处的温度,发现异常,加以排除后方能使用。

(二)隔爆插销的使用与维护

(1)插销插入插座前,插销中的销子对准插头外面的螺旋槽,然后旋转90°,使插座内的触头完全接触,并将插座上防止插头自动退出装置转入插头外壳槽内。

(2)插座未插入插销时,应用插座上的防尘帽盖好插孔,保护隔爆面和防止灰尘进入插座;隔爆面应经常涂防腐油或凡士林。

(3)经常检查套筒及插座内的插杆座是否有偏移,大螺母是否拧紧;同时检查插座的罩及大弹簧是否卡住,防止插头有插不进的现象。

(4)触头表面烧伤部分应及时修整磨光,插座内的插杆上的弹簧圈应保持一定的压力,对失效的应及时更换。

(5)检查接线端子的弹簧圈是否松脱,接线螺栓应拧紧。

(6)电机车停运时,插头隔爆面应防腐,并放入车架的铝制保护罩内,以保护隔爆面。

十二、牵引电动机和电气设备的维护与检修

(一)牵引电动机的维护与检修

牵引电动机是电机车的原动机,由于电机车的运行条件差,开、停、制动频繁,经常受冲击和振动,加之有时过载,为了保证电机车正常可靠地工作,延长电机车的使用寿命,必须做好对牵引电动机的日常维护和定期检修工作。

1. 日常维护

经常保持电动机的外表面清洁,检查所有的紧固体是否松动,

特别是隔爆面和接线处的紧固件一定要拧紧。运行中应注意电动机声音是否正常和有无焦煳臭味。用手触摸电动机外壳、两端轴承温度是否正常,如温度过高,应查明原因处理。经常检查换向器与电刷的接触情况和磨损情况,注意换向器表面是否平滑、清洁,有无变黑和烧伤等。

2. 定期检修

换向器是电动机上的薄弱环节,是电动机定期检修的主要对象。检查换向器应先检查磨损程度和不圆度;检查短路和烧损现象;检查表面是否平滑,当表面高低差大于 0.5 mm 时,应抽出电枢进行车削处理,换向器上云母片应低于换向片 0.5 mm;检查电刷是否松动和在架内过紧,换向器表面与刷盒的距离应为 3~5 mm,电刷的压力应保持在 29.42~49.03 kPa,与换向器的接触面不得小于 75%;检查电枢绕组、磁极绕组、刷架对地和它们之间的绝缘程度,其绝缘电阻值不得小于 0.5 MΩ。

3. 电动机的故障及处理

(1) 电动机内部发现异响,其原因可能是:电动机轴承损坏,间隙超过允许值;电枢旋转时在轴承内晃动,严重时造成电枢铁芯与磁极铁芯碰撞或摩擦。处理:拆下电动机,更换轴承。

(2) 电刷和刷盒内间隙过大或电刷的弹簧压力过小,电枢旋转时,电刷在刷盒内摆动或跳动引起噪声。处理:更换电刷或失效的压力弹簧及调整弹簧的压力。

(3) 电动机温度过高。造成温度高的原因可能是:电动机超载运行;电枢线圈匝间短路;换向器片间短路;磁极线圈部分短路或接地;换向器表面产生强烈火花;电动机轴承缺油或油量过多。处理:找出原因,严禁超载运行;用降压法检查电枢短路线圈;用毫伏表测每个磁极线圈的端电压;500 V 兆欧表测对地电阻;找出短路或接地磁极线圈;调整电刷压力,查明火花原因,消除火花;保持适量的润滑油脂。

（二）控制器的维护检修

控制器是电机车上重要的电气设备，司机用控制器来操纵电机车的启动、调速、停止、前进或后退。认真做好控制器的日常维护检修工作，对确保电机车的正常运行有着重要意义。

1. 日常维护

（1）经常检查螺栓、螺母等紧固件，特别是隔爆面上的紧固件一定要保持紧固。

（2）经常检查控制器的电路引出线是否松动，要拧紧压紧螺母。

（3）经常保持控制器外壳的清洁。

2. 定期检修

对于运行中的电机车，应定期地拆下控制器外壳，对内部进行检查。检修时应将插头从插座中拔出，使控制器处于断电状态，打出定位销钉，拆下换向轴套和手柄，卸下隔爆外壳后，按顺序进行检查。

（1）检查立轴和换向轴的机械联锁，动作要准确可靠。

（2）检查凸轮工作表面是否磨损、工作是否准确，磨损严重时应及时更换。

（3）检查各隔爆面是否完好，要特别注意转动部分（主轴、换向轴与分度盘孔）的隔爆间隙是否超过规定。

（4）定期检查触头的烧伤和磨损情况，严重时应更换；主触头和接线端子的连接线断丝超过 1/4 时应更换；应保持触头的初压力、终压力、超程和触头开距应在规定范围内，DK-130 型控制器规定的触头初压力为 $15.68\sim19.6$ N，终压力为 $31.36\sim38.22$ N，触头超程为 $3\sim5$ mm，触头开距为 $7\sim12$ mm。

（5）换向触头压力应保持在 $19.6\sim29.4$ N 之间，否则应检查接触的弹簧是否失效。

（6）检修时各部件应用棉纱擦干净，并要详细地检查所有接线头螺栓和固定触头的螺栓及定位盘销轴等是否已拧紧牢固，立轴与换向轴转动是否灵活可靠,触头闭合是否准确,消弧罩内壁与触头部分是否有磨损现象;将隔爆面上涂上防锈油脂,在轴转动部分注适量润滑油;用 500 V 摇表测量各触头、线路对地绝缘电阻,其绝缘电阻值不应小于 0.5 MΩ。

（三）电机车其他电气设备的维护和检修

电机车上除电动机、控制器外,还有电阻、熔断器、照明灯等电气设备。这些设备工作在灰尘多、温度高、煤（岩）与瓦斯突出等恶劣的环境中,在运行过程中不断受到冲击和振动。为了保证电机车正常运行,必须搞好这些电气设备的日常维护和检修。由于这些电气设备都是隔爆型结构,检修时必须按照矿井防爆电气设备制造检修有关规程和规定进行。对防爆性能受到损坏的电气设备应及时进行修理或更换,绝不能勉强使用;对检修后的防爆面应涂上防锈油脂。防爆性能检查完毕后,还要用 500 V 摇表测量电气设备的绝缘电阻,其绝缘电阻值不得小于 0.5 MΩ。

第二节　电机车的验收

一、电机车修后验收标准

（1）对使用中的电机车和小修后的电机车进行检查验收,应执行《窄轨电机车完好标准》。

（2）对中修后的电机车进行检查验收,应执行《窄轨电机车检修质量标准》。但对未更换和检修的部位的检查可执行《窄轨电机车完好标准》。

（3）对大修后的电机车进行检查验收,应执行《窄轨电机车检修质量标准》。

二、大修后的电机车验收

（一）审核检修资料

审核检修资料的目的在于:掌握电机车在入厂检修过程中修

复、更换设备配件情况;掌握和了解装配、试运和检修质量情况。审核的资料有分解拆检记录,更换、修复设备配件记录,单件及整机试验、校验、试运转记录及安全质量检查验收记录。

(二)对电机车的实际检查和试验

根据审核检修资料所掌握的情况和质量标准,对电机车的整体进行表面检查,对重要的设备及系统进行抽检和运行试验。

(1)对电机车电气设备之间连接电缆的铺设工艺进行检查,对部分电气设备(如控制器、电动机、电阻、自动开关等)的接线工艺进行抽查。

(2)检查控制器手柄动作和闭锁情况,以及触头闭合与闭合顺序情况。

(3)对集电器进行检查并试验其工作弹力。

(4)对撒砂装置和制动系统进行检查,并进行操作试验。

(5)对部分关键尺寸(如大轮直径、轮对轴承箱导向槽及连接装置尺寸等)进行检测。

(6)检查齿轮箱和抱轴油箱的注油情况。

(7)检查车体、车棚修复情况和各部位螺栓连接的紧固情况及车体、车棚外表涂漆情况。

(8)送电试验(试验电压一般为额定电压的 0.5 倍以下)检查用电系统工作情况,如检查控制器对牵引电动机的方向和启动运行及电气制动的控制情况;检查电动机和齿轮减速机构的运转情况;检查电机车照明情况。

(9)对有空气制动系统的电机车,要对整个压缩空气系统进行送电检测和试验。检测和试验的内容有空气压缩机和它的拖动电动机的工作情况;调压器的气压整定情况;压缩空气系统工作的气压降情况(压缩空气泄漏情况);空气压缩机的泵风能力;各操作阀的工作情况;各执行系统和元件(如制动系统、撒砂系统、升弓子系统、汽笛等)的工作情况。

（10）对于蓄电池式电机车,还要进行防爆检查,即对电机车上的部分电气设备进行防爆面、防爆间隙及接线引入装置等的抽查检测。

（三）电机车试运行

当上述各方面验收合格后,还要进行电机车的试运行。由司机操作单电动机,对电机车各方面的启动、调速、运行、制动等进行试验,以考核电机车在实际使用中的运转情况。

复习思考题

1. 架线式电机车日常维护包括哪些内容?

2. 蓄电池式电机车日常维护和架线式电机车相比有什么不同?

3. 试述电机车中修内容。

4. 试述电机车大修内容。

5. 试述电机车大修后的验收步骤。

第十五章　电机车的常见故障处理

第一节　机械故障

一、集电器故障的处理

当电机车行驶中频繁出现集电器跳动,有较大电弧光时,或车灯忽明忽暗、车速不稳定等情况时,应对集电器进行下列检查和处理:

(1)检查集电器滑板(滚轮、滚棒)磨损情况。有凹坑或熔化结块时,用锉刀加工整修平滑。变形严重或有裂纹时,应更换新配件。

(2)根据集电器起落装置的灵活程度、支承弹簧弓子对架线的压力情况,在滑板达到规定的高度时,将弹簧压力调整到35~55 N。

(3)各处连接螺钉、销子松脱时,可用工具调整到合适程度,对磨损和断裂的要及时更换。

二、制动装置故障的处理

电机车在行驶中进行工作制动时,出现在规定距离之内不能将车停住的情况,松开制动手轮后,制动杠杆没有带动制动闸瓦脱离轮对踏面,形成带载启动故障。上述故障从机械方面分析主要是制动系统不正常,必须对其进行检查并排除故障。

(一)对机械制动系统的检查和故障处理

(1)检查制动闸瓦间隙。在完全松闸状态时,闸瓦与轮对踏面间隙是否在 3～5 mm 之内。紧闸时的接触面积是否大于60％。小于此规定数值时,应用调节螺杆对闸瓦间隙和接触面积进行调整,直至调整到规定值为准。

（2）检查制动闸瓦的磨损程度。当闸瓦磨损余厚小于 10 mm时,同一制动杆两闸瓦的厚度差大于 10 mm 时,应更换磨损超限的闸瓦,并将其调整到规定数值。

（3）检查制动均衡杆（梁）。检查杆（梁）两端高低差是否大于5 mm,大于 5 mm 时,应检查与其连接的拉杆、制动杠杆的销轴是否磨损超限。当这些连接杠杆之间的销轴和孔磨损过限时,就会使制动闸瓦与轮对踏面之间间隙过大不能产生制动力,或制动力过大使用闸瓦抱死轮对踏面,制动杠杆之间产生"自锁"而不能缓解。此时必须更换磨损量超限的制动杆和销轴。若没有出现过度磨损情况,应及时加油润滑,清除卡滞、扭劲情况,保持各连接杆灵活可靠。

（4）检查制动手轮、螺杆螺母机构。检查手轮旋转的灵活程度、衬套及螺杆螺母机构的润滑情况。当纯机械制动系统的手轮转紧圈数超过 2 圈、压缩空气制动系统的手轮转紧圈数超过 3 圈半时,要检查衬套和螺杆螺母机构的磨损,当磨损量严重使其出现松旷间隙时,必须拆卸修理或更换。

（5）制动杠杆的检查。制动杠杆出现位置不正则需要进行调整,变形严重时则必须修整平直,或更换新制动杆。

（二）对压缩空气制动系统故障的处理

（1）检查控制阀手把（或脚踏板）的位置是否正确到位。调整不正确的踏板位置,更换损坏的手动控制阀。

（2）检查三通阀、制动阀和管路的密封元件,更换损坏的密封元件。

（3）制动闸瓦在制动缸压力释放不能自动缓解时,应检查恢复弹簧的压力,更换出现塑性变形或断裂的弹簧。

三、撒砂装置故障的处理

(1) 砂子流不到轨面中心时,出砂管可能受碰撞歪斜,应进行调正校直处理。

(2) 砂子流不出时,应检查砂子是否潮湿结块,把潮湿结块的砂子装入砂袋,在电阻箱盖上烘干后再装箱,或更换新干砂后再装箱。拉杆、摇臂的连接销轴磨损后,出现卡滞、扭劲故障时,会导致锥体不能打开而不出砂。

(3) 操纵杆变形时,进行调直整形处理,不能复原并影响工作时应更换。

(4) 摇摆式砂箱不出砂时,按第(2)条检查后,还应检查箱轴的旋转灵活程度。

(5) 摇摆式砂箱出现漏砂时,应检查可调弹簧的完好程度,调整移位的弹簧位置和压力,更换损坏的弹簧。

(6) 采用压缩空气制动系统的撒砂装置不撒砂时,应先检查撒砂阀是否灵活可靠,更换失效的撒砂阀。其次检查压缩空气的管路和制动阀及调压阀的密封情况,更换漏气的密封元件。

四、缓冲装置故障的处理

当电机车的缓冲装置失去了缓冲性能,插销由于碰撞发生变形不能拔出来,连接链环不能伸入缓冲器挂车时,应将缓冲器拆卸开,检查内部的零件完好程度。校正变形的弹簧连接件,调整弹簧压力或橡胶碰头位置,更换损坏的弹簧和损坏的橡胶碰头。

五、轮对装置故障的处理

当电机车行驶中出现车体剧烈振动和左右摇摆时,就机车本身而言可能的原因是:

(1) 轮箍(圈)踏面磨损严重,或出现断裂、松脱情况。

(2) 同一车轴上的两个车轮直径差、前后轮对之间的直径差超过规定数值较大。

(3) 车轴的轴颈磨损量超过原直径的 5% 时,车轴划痕变深变长,甚至出现疲劳损坏。

(4) 轮对内轴承发生干摩擦引发轴承轴件损坏或温度升高发生卡劲故障。

(5) 轴承温度升高的原因是:

① 轴承缺油或损坏。

② 轴承外套与轴承箱松动,发生相对移动。

③ 轴承间隙不合适。

④ 轴承外盖不合适卡轴承。

检查中发现上述情况,应将机车入库修理,排除故障的步骤如下。

(1) 把轮对装置从车体上分离出来,方法是:

① 用枕木将牵引电动机底部垫稳固。

② 将电动机吊架上的螺母旋松取下。

③ 将轮对轴箱的轴承盖取下。

④ 将车架向上吊起,移开,放置平稳。

(2) 把踏面磨损超限、出现裂纹的轮箍从轮心上拆除掉。换装新轮箍时,要用热装工艺。注意必须保护轮毂、轴及齿轮不受热。热装的轮箍用小铁锤敲击,声音清脆为合格,声音沙哑为松动不合格,必须重新热装。

(3) 车轴划痕深度超过规定,出现裂纹、磨损超限时应更换新轴。轴与轴孔可采用涂镀、电镀式喷涂工艺修复,但不得用电焊修补。

(4) 轴承温度高或有卡劲故障时,对缺油的要添油,油质污染的要更换新油。轴承松动、间隙过大时,要调整至规定数值。对卡轴承的端盖要重新安装合适。对磨损严重的或轴件损坏的轴承,要用退卸器拆卸,并用煤油清洗干净。安装新轴承时,先将轴承在 $75\sim100\ ^{\circ}\mathrm{C}$ 的热油中加热 $10\sim15\ \mathrm{min}$ 后,再进行装配。

六、齿轮箱装置故障的处理

当电机车行驶中出现齿轮啮合不正常响声,或出现异常油味时,应对齿轮箱停车查看,观察油标尺是否在规定的最高位和最低位之间。确诊为缺油时,应及时补充油量到规定位置。确诊异常响声为齿轮箱内发出时,则可能是由于缺油出现齿轮干摩擦,或磨损量过大造成齿轮位置不正,齿间隙超限。刺耳尖声可能是齿轮间掉进异物或齿牙剥蚀和断齿发生的,此时就必须将机车开入车库维修。

齿轮箱在拆检维修时,应注意下列事项:

(1)上下箱解体时,必须将上箱分箱面置放在木块上,不能将分箱面随意放置直接接触地面,防止碰伤箱面造成密封不严,下箱面用遮盖物盖严,并不得在其上面放置工具等物。

(2)对清洁度不好有污渍杂物的脏油,应清除倒掉,清洗干净箱体后再装新油。

(3)上下箱重新安装时,一定要密封好,以防漏油。必要时可涂密封胶,但必须将旧胶清除干净后,方可涂新胶密封。

(4)更换剥蚀的齿轮时,注意退卸轴与齿轮连接的键与键槽,不得碰伤轴表面。安装新齿轮时要用合格的新键连接。

第二节 电气故障

电气线路可能产生的某些故障,会直接影响电机车的启动、运行和电气制动等项工作,因此,对电机车所发生的电气线路故障能够有一个较正确的判断与分析是非常重要的,从而可迅速地排除故障,确保电机车的安全正常运行。一般电气线路的故障产生,主要是由于线路中的断路、短路(连地)、错接而造成的。下面以ZK-10型架线电机车一般常见的电气线路故障为例,进行简要的分析。

一、启动中常见故障

(1) 控制器闭合后，电机车不运行。主要是由于电气线路某些部位的断路（断开）所引起的。容易造成断路的部位有：

① 集电器发生断路。可能是由于弹簧压力不足使滑板或滚轮没有与架空线接触，或电源线折断、接线端子松脱而造成电机车无电压（此时照明灯不亮），无论控制手把在任何位置，电机车都不能行走。

② 自动开关断路。可能是由于自动开关的接触触头烧损、脱落；电源导线折断；接线端子脱落或磁力线圈断路而造成控制回路无电压（此时照明灯有光），使控制手把在任何位置，电机车都不能行走。

③ 控制器应该导通的部分断路。可能是由于控制器的主触头或辅助触头脱落、接触不良、导线折断所引起的，因此造成控制手把在各个启动位置或部分启动位置电机车不能行走。这种情况可根据电机车的接线图进行判断处理。

④ 启动电阻断路。启动电阻断路也会造成控制手把在不同位置电动机不能启动，此时应根据电机车不行走的不同启动位置，判断处理某段启动电阻或连接线的断路。

⑤ 牵引电动机内部断路（断线）。可能是由于牵引电动机的主磁极或换向磁极线圈断路，连接导线、接线端子断路或电刷与换向器（整流子）接触不良而造成电机车不能启动。此时，电机车应入机库检查处理。

⑥ 电机车主回路接地线断路。检查控制器触头、轮对与轨道接触情况。

(2) 控制器闭合后，电机车只能在一个方向上行走。主要是换向部分触头与铜片接触不良或连接导线断路所造成。

(3) 控制器闭合后，自动开关跳闸。主要是由于电气线路某些部位接地或调速手柄扳动过大，产生过电流所引起的。自动开

关跳闸后不得强行送电,必须找出原因并处理好后再送电。电机车各电器元件或设备容易造成短路的部位有:

① 控制器凸轮接触器触头接地;

② 控制器换向部分触头接地;

③ 启动电阻接地;

④ 牵引电动机内部线路接地。

(4)控制器闭合后,启动速度快。主要原因可能是:

① 启动电阻本身短路;

② 牵引电动机励磁绕组中某线圈短路。

(5)控制器闭合后,启动速度慢。主要是控制器线路中某些触头、连接导线短路或断路,造成单机运转或启动电阻该断开的没有断开所引起的。此时应根据原理接线图分段查找处理。

(6)电机车运行方向与换向手把指示方向相反。主要是牵引电动机励磁绕组或换向磁极绕组与正负电源线接反造成的。

(7)控制手把在零位,集电器与架空线接触时自动开关跳闸。主要是自动开关动触头(磁力线圈)或控制器的电源线接地,也可能是控制器部分静触头接地所造成。

二、运行中常见故障

(1)控制手把由低速位置向高速位置转换时,电机车速度变化不大或速度突然下降。主要原因:

① 主控制器内应该闭合的触头没有闭合,应该断开的启动电阻没有断开,此时电机车运行的速度变化不大。

② 串联运行中造成单电机运行。这是由于控制器内的主触头或连接导线接地所造成。

③ 并联运行中造成单电机运行。这是由于控制器内的主触头或连接导线断路所造成。

(2)自动开关突然跳闸。主要是电气系统主回路中某些部位短路或接地所造成,其原因除包括电机车启动中自动开关跳闸外,可能还有：

① 电流整定不合适或过电流。

② 牵引电动机换向器（整流子）面上火花过大，造成弧光与外壳短接。

③ 牵引电动机导线绝缘受到破坏造成短路或接地。

④ 牵引电动机内部短路。

（3）控制手把由高速位置向低速位置转换时，内部触头发火。主要是静触头上消弧装置失效而引起的，其原因可能是：

① 触头部位消弧线圈短路。

② 消弧罩损坏，不起消弧作用。

③ 各触头闭合与断开的动作不协调。

④ 负荷过大或操作不当。

（4）电机车运行中突然无电压。主要是牵引网路停电或本车电气系统电源回路断路，其原因可能是：

① 集电器局部接地，使牵引变流所的保护装置动作，牵引网路停电。

② 集电器与架空线接触部分的电源线断路。

③ 控制器内部触头接触不良或连接导线断路。

④ 启动电阻断路。

⑤ 牵引电动机的主磁极或换向磁极线圈和电刷等有关导电部分断路。

⑥ 自动开关自行释放或导线断路。

（5）牵引电动机在运转中突然不转，电流大、温度高。主要原因可能是：

① 牵引电动机过载，造成电枢或磁极线圈击穿短路。

② 短时启动频繁或电动机长时间处于启动状态。

③ 电枢轴承缺油损坏，或电枢轴弯曲。

④ 电枢绑线松脱卡在磁极之间。

遇到牵引网路停电时,应拉下集电器,检查集电器各部位有无上述问题,并及时向调度汇报本电机车的情况,再行处理。

三、电气制动(动力制动)常见故障

(一)制动力矩小

主要原因是制动电阻不能短接。可以通过制动力矩小的不同位置,判断某段制动电阻的短接。如制动的第一位置力矩小,可能是电动机转速太低等。

(二)无制动力矩

主要是在制动系统中双电动机不能形成并联回路而引起的。其原因可能是控制器主触头不能闭合接触或此段连接导线断路。

(三)仅单一运转方向无制动力矩

这种现象一般在控制器检修后试运转中容易发生,主要原因可能是换向手柄的铜片错位。

四、脉冲调速电机车常见故障

脉冲调速常见故障是晶闸管(可控硅)脉冲调速中换流失效,关不断主晶闸管的现象,就是常说的"失控"。常见的失控现象表现在下列三方面:

(1)启动失控。表现在电机车启动时猛地向前冲,甚至使自动开关跳闸或快速熔断器熔断。

(2)加速过程中失控。表现在电机车在加速过程中,突然从低速变成全速。

(3)减速调速过程中失控。表现在电机车减速时速度不减。

产生失控的原因是多方面的,司机及维修人员对失控要进行正确的分析与判断,首先是要熟悉晶闸管(可控硅)脉冲调速电路的工作原理、每一个元件的作用、相互关系及安装位置等。

(一)故障分析处理的一般原则

(1)失控现象发生后,首先把换向手把置于零位,控制手把置

于 0°位置,拔出电源插销连接器,再打开控制箱,检查各部分引线是否松动、断线,各种触头接触是否良好,行程开关、调磁机构或调速电位器(调速电阻)位置是否正确。如果检修后第一次试车,还应检查电源插销连接器是否完好、极性是否接错以及各引出线头位置是否接错。

(2)检查触发控制板。插头接触片是否良好、是否有锈迹、是否有煤粉和潮湿。印刷板面有无腐蚀生锈,元件引线有无虚焊、脱焊和腐蚀断线。

(3)若以上情况均属正常,则应将备用触发控制板换上,再进行试验。若故障已排除,说明故障在触发控制板上,否则,故障可能发生在斩波器(断续器)上。

(4)检查电源装置是否有断线、电压太低等现象,若电压低于规定值应更换电池。

(5)电机车在运行中出现故障后,一般不宜在井下处理,井下主要是更换触发控制板的插件。因此,要有备用触发控制板插件,而且能互换通用。对井下矿用防爆型蓄电池电机车的电气设备,必须在车库内打开检修。

(二)KTA 系列 ZK-7/10 架线式电机车常见故障

(1)启动失控。触发线路的原因是启动脉冲延时环节发生故障或无副脉冲输出,或副脉冲功率太小,先换触发控制板插件。如换插件后仍失控,则是主电路硅元件损坏、换流电抗器短路、换流电容器损坏或电容量大大减小。

(2)"跳弓"后二次受电或牵引网路电压低失控。故障原因是低压闭锁与启动脉冲延时单元发生故障,更换触发控制板插件。

(3)能由低速逐渐调到全速,但不能由全速调到低速。主回路的原因是 K_3 触点不能断开,或辅助充电回路开路。若主电路无问题,则是触发线路中继电器的故障,更换触发控制板插件。

（4）轻载不失控，重载失控。如果牵引网路电压正常，故障原因是主电路换流电容器有损坏、断线或容量减小。如果牵引网路电压低，则属于（2）的情况，按（2）处理。

（5）低速不失控，高速失控。故障原因是触发线路脉冲移相范围的高段间隔太大，更换触发控制板插件。

（6）以上几种情况以外的失控：

① 电机车一开起来不失控，运行一会儿就失控。故障原因是可控硅（晶闸管）散热器松动、散热条件不好或可控硅的热稳定性差，温度升高后，特性变坏。针对这种情况改善散热条件及更换可控硅。

② 时而失控，时而又不失控。先换触发控制板插件，如是触发线路中元件松动的原因，换插件后即正常工作，否则是可控硅的关断时间较长。换流电容器反向放电关断可控硅时，使可控硅承受反向电压的时间接近或刚好等于可控硅的关断时间，这样负载电流稍有变化，便不能满足关断可控硅的要求。可更换关断时间短的可控硅试之，如还不能解决，应检查换流电容、换流电感和反压电感等元件参数有无变化，接触引线是否良好。

（三）XK-5 型蓄电池式电机车常见故障

以 QPK20-1B/1BTH 型控制箱为例。

（1）一启动车就失控。说明一启动主可控硅就全导通，听不到正常启动时换流的"吱……"的叫声。在这种情况下，首先按一般处理原则去排除故障，其次是更换触发控制板插件。若仍失控，则应检查 SK$_4$ 常闭（动断）触点工作是否正常，若接触良好，说明斩波器有问题，应更换斩波器。

（2）启动加速过程失控，即牵引电动机由低速突然变为高速。首先更换触发控制板，检查调磁磁铁位置是否正确，或检查蓄电池电压是否太低，使斩波器换流能力下降，这时应更换蓄电池。

　　所有电气故障处理时必须首先切断电源,遵守自检自修制度,检查分析故障原因,并及时排除故障,不能处理的应及时通知调度,再行处理。对井下矿用防爆型蓄电池电机车的电气设备,不准在工作地点等室外随时打开检修,必须在车库内打开检修。

五、变频电机车常见故障

（一）架线变频电机车常见故障

架线变频电机车常见故障见表 15-1。

表 15-1　　　　　　架线变频电机车常见故障

序号	故障现象	原　因	处理方法
1	不能启动	电源没通	检查正电自动开关是否合好 检查地线是否正常 检查集电弓子的连接线是否良好
		司控盘和变频器间的插头没插好	重新插好
		手闸抱得太紧,没松开	松开手闸
2	报警灯亮	可能出现过电流、过电压、欠电压、短路、接地、超温的问题	按复位按钮 找出故障点,查明原因,进行处理
		ABB 下板坏	更换 ABB ACS-800 下板
3	电制动不好	制动电阻开路	接好制动电阻
		制动用的 IGBT 模块坏或接线不好	检查模块和接线
		制动控制电路盒损坏	更换制动控制电路盒

（二）蓄电池变频电机车常见故障

蓄电池变频电机车常见故障见表 15-2。

表 15-2　　　　　蓄电池变频电机车常见故障

序号	故障现象	原　因	处理方法
1	不能启动	电源没通	检查隔爆插销内的保险是否烧断,更换后闭合开关、启动试验 电源线缆断路,入库检验处理 电源装置欠压,应换电源装置
		变频调速器的内部电路断路、插头松动	入库后断电开盖,电容放电后检验处理。将断路的线路连接好或检验插销插头,松动重新插接好
		手闸未松抱死	松开手闸
2	运行中调速器保护动作停机	可能是电源装置欠压、过流、超温、短路、缺相等问题 ABB 下板坏 IGBT 击穿	短停后,按复位按钮重新启动。找出故障点,查明原因进行处理 更换 ABB-800 下板 更换 IGBT
3	电机车抖动	有一台电机缺相	将电机连接线重新接好

复习思考题

1. 当电机车行驶中频繁出现集电器跳动,有较大电弧光,或车灯忽明忽暗、车速不稳定等情况时,应对集电器进行哪些检查和处理?

2. 如何对机械制动系统进行检查和故障处理?

3. 撒砂装置可能出现的故障有哪些? 如何处理?

4. 对缓冲装置的故障如何处理?

5. 齿轮箱在拆检维修时,应注意哪些事项?

6. 控制器闭合后,电机车不运行,主要是由于电气线路某些部位的断路(断开)所引起的,容易造成断路的部位有哪些?

7. 控制器闭合后,启动速度快可能出现的原因有哪些?

8. 分析电气制动(动力制动)常见故障。

9. 脉冲调速电机车常见的失控现象表现在哪几方面?

第五部分
高级电机车司机知识要求

第十六章　电子技术知识

第一节　晶　体　管

一、半导体与 PN 结

（一）半导体

导电能力介于导体与绝缘体之间的材料称半导体。纯净的半导体称为本征半导体。在纯净的半导体中加入某些五价元素，就形成主要由自由电子导电的电子型半导体（N 型半导体）；加入某些三价元素，就形成主要由空穴导电的空穴半导体（P 型半导体）。

（二）PN 结

利用扩散法或合金法把 P 型半导体和 N 型半导体结合在一起，在交接面处会因多数载流子浓度不同而进行扩散，形成一个 PN 结。PN 结有一个内电场，由 N 区指向 P 区。当 PN 结处于正向偏置（P 区电位高于 N 区电位）时，内电场被削弱，在 PN 结内形成较大的扩散电流（PN 结正向导通）；当 PN 结处于反向偏置时，内电场被加强，漂移越过 PN 结的电流很小，此电流称为反向漏电流（PN 结反向截止）。PN 结加正向电压导通，加反向电压截止的现象，称为 PN 结的单向导电性。

二、晶体二极管

把 PN 结加上相应的封装和电极引出线，就成为晶体二极管。其图形符号如图 16-1 所示。

图 16-1　二极管图形符号

（一）晶体二极管的伏安特性

二极管的电压、电流关系曲线——伏安特性曲线如图 16-2 所示。由图中可以看出整个曲线大致可分成两个部分：正向特性部分和反向特性部分。在正向特性部分中，有一个二极管承受正向电压而未导通的部分，称为死区（硅二极管死区电压约 0.5 V，锗二极管约 0.2 V；导通后二极管两端的管压降硅二极管约 0.7 V，锗二极管约 0.3 V）。在反向特性部分有一个二极管承受反向电压处于截止状态的反向截止区和一个反向击穿区。

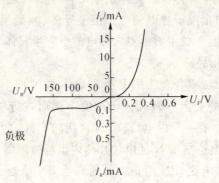

图 16-2　二极管伏安特性曲线

（二）晶体二极管的主要参数

（1）最大正向电流。在规定的散热条件及二极管长期运行时允许通过的最大正向电流平均值。

（2）反向击穿电压。指二极管所能承受的最高反向电压，超过此值二极管将被击穿。

（3）最高反向工作电压。一般为反向击穿电压的 $1/2 \sim 2/3$。

（三）晶体二极管的简易判别

（1）好坏的判断。用万用表 $R \times 100\ \Omega$ 或 $R \times 1\ k\Omega$ 挡测量二极管的正反向电阻，如果正向电阻为几十至几百欧，反向电阻在 $200\ k\Omega$ 以上，可以认为二极管是好的（万用表黑表笔接二极管正极、红表笔接负极时测得的为正向电阻，反之则为反向电阻，如图 16-3 所示）。

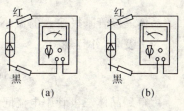

图 16-3　二极管的测量

（2）极性的判断。用万用表测出二极管的正向电阻阻值较小时，黑表笔所接的为二极管正极。

（3）半导体材料的判断。当测量二极管正向电阻时，指针指示在标度尺 3/4 左右，为锗二极管；指针指示在 2/3 左右，为硅二极管。

三、晶体三极管

晶体三极管一般简称为晶体管。它是一种具有两个 PN 结（发射结、集电结）和三个电极（集电极 c、基极 b、发射极 e）的半导体器件。根据 PN 结的组合方式不同，有 PNP 和 NPN 两种类型，其图形符号如图 16-4 所示。

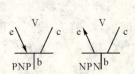

图 16-4　晶体三极管图形符号

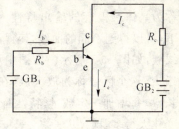

图 16-5　晶体三极管放大状态

（一）晶体三极管的电流放大作用

把晶体三极管接在电路中，如图 16-5 所示。让发射结处于正向偏置状态、集电结处于反向偏置状态，通过实验可得到：

$$I_e = I_b + I_c \ 且 \ I_e \approx I_c$$

晶体三极管基极输入的微小基极电流 I_b 引起了集电极电流 I_c 的较大变化，并且规定：

$$\frac{\Delta I_c}{\Delta I_b} = \beta（电流放大系数）$$

可得到晶体三极管中电流间的相互关系为：

$$I_c = \beta I_b$$

$$I_e = I_b + I_c = (1 + \beta) I_b$$

（二）晶体三极管的输入、输出特性

1. 输入特性

在晶体三极管的输入回路中，基极电流 I_b 与基极和发射极之间的电压 U_{be} 的关系称为输入特性，如图 16-6 所示。由图中可看出，在晶体三极管的输入特性中也存在一个死区。在死区内，I_b 极小，硅管死区电压约 0.5 V，锗管死区电压约 0.2 V。

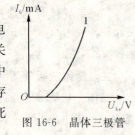

图 16-6 晶体三极管
输入特性曲线

2. 输出特性

在 I_b 一定的情况下，I_c 与 U_{ce} 的关系称为晶体三极管的输出特性。同一只晶体三极管，在不同的 I_b 下，可以得到不同的曲线，使得晶体三极管的输出特性成为一个曲线族，如图 16-7 所示。由图中可看出，中间部分的大小主要取决于 I_b，这个区域称为放大区，在这个区间内，I_c 随 I_b 成正比例增长，I_b 每增加一定数量，特性曲线就向上移一次，I_c 的变化比 I_b 的变化大得多，即：

$$\Delta I_c = \beta \Delta I_b$$

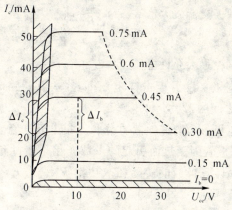

图 16-7　晶体三极管的输出特性曲线

在 $I_b=0$ 时，$I_c \neq 0$，此时的 I_c 叫穿透电流。$I_b=0$ 以下的区域称为截止区，在此区域内，晶体三极管无放大作用；曲线族左侧的阴影区称为饱和区，在此区域内，晶体三极管处于饱和导通状态（无放大作用）。

（三）晶体三极管的主要参数

1. 直流参数

（1）共发射极直流放大倍数：$\bar{\beta} = \dfrac{I_c}{I_b}$。

（2）集电极—基极反向截止电流 I_{cbo}：$I_e=0$ 时，基极和集电极间加规定反向电压时的集电极电流。

（3）集电极—发射极反向截止电流 I_{ceo}（穿透电流）：$I_b=0$ 时，集电极—发射极间在规定的反向电压下的集电极电流。

2. 交流参数

（1）共发射极交流放大倍数：$\beta = \dfrac{\Delta I_c}{\Delta I_b}$，其中 ΔI_b 是 I_b 的变化量，ΔI_c 是 I_c 的变化量。

(2)共基极交流放大倍数：$\alpha = \dfrac{\Delta I_c}{\Delta I_e} \approx 1$。

3.极限参数

(1)集电极最大允许电流 I_{cm}。

(2)集电极—发射极击穿电压 U_{ceo}：基极开路时，加在集电极—发射极之间的最大允许电压。

(3)集电极最大容许耗散功率 P_{cm}：集电极电流会使管子温度上升，晶体三极管因受热而引起的参数变化不超过允许值的功耗就是 P_{cm}。晶体三极管的实际耗散功率 $P_c = U_{ce} I_c$。使用时必须使 $P_c < P_{cm}$。

（四）晶体三极管的简易测试

(1)管脚与管型的判断。用万用表 $R \times 100\ \Omega$ 或 $R \times 1\ k\Omega$ 挡分别测量各管脚间电阻，必有一只管脚与其他两管脚阻值相近，这只管脚就是基极。以黑表笔接基极，如果测得与其他两只管脚的电阻都小，则为 NPN 型三极管；反之则是 PNP 型三极管。找出基极后，分别测基极对另外两管脚的电阻，阻值较小的那个是集电极，另一个就是发射极。

(2)晶体三极管好坏的大致判断。用万用表测量集电极与发射极间的反向电阻值来估算穿透电流 I_{ceo} 的大小，如果反向电阻值偏小，说明该晶体三极管质量不太好。

（五）晶体三极管的型号

国产晶体三极管的型号表示如下：

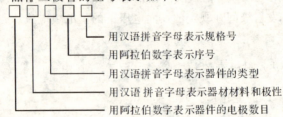

用汉语拼音字母表示规格号
用阿拉伯数字表示序号
用汉语拼音字母表示器件的类型
用汉语拼音字母表示器材材料和极性
用阿拉伯数字表示器件的电极数目

例如,3AG11C 为 PNP 型锗材料的高频小功率三极管,设计序号为 11,规格号为 C。

第二节 晶 闸 管

晶闸管亦称为可控硅,其英文缩写为 SCR。晶闸管是一种大功率的半导体元件,它具有体积小、质量轻、耐压高、容量大、效率高、使用维护简单、控制灵活等优点,同时它的功率放大倍数很大,可以用微小的信号功率对大功率的电源进行控制和变换,在脉冲数字电路中也可作为功率开关使用。它的缺点是过载能力和抗干扰能力较差,控制电路比较复杂等。

一、晶闸管的结构和工作原理

(一)结构

图 16-8(a)所示为螺旋式晶闸管外形图。图 16-8(b)所示是晶闸管的图形符号,它有 3 个电极,即阳极 A、阴极 K 和控制极 G。容量较大的晶闸管一般采用平板式,如图 16-8(c)所示,可带风冷散热器或水冷散热器。容量较小的晶闸管与整流二极管外形相似,只是多了一个控制极。

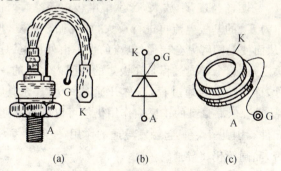

(a)   (b)   (c)

图 16-8 晶闸管的外形及符号

(a) 螺旋式晶闸管的外形;(b) 晶闸管符号;(c) 平板式晶闸管的外形

晶闸管的内部结构如图 16-9 所示,它由 P、N、P、N 四层半导体构成,中间形成 3 个 PN 结:J_1、J_2、J_3,从下面的 P_1 层引出阳极,从 N_2 层引出阴极,从中间的 P_2 层引出控制极。

（二）工作原理

为了说明晶闸管的工作原理,我们把晶闸管看成是由 PNP（T_1）和 NPN（T_2）两个三极管所组成的,用图 16-10 所示的电路模型来表示。

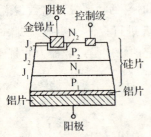
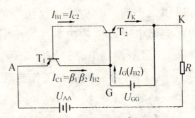

图 16-9　晶闸管的内部结构　　　图 16-10　晶闸管的电路模型

当阳—阴极间加正向电压 U_{AK}（U_{AA}）,控制极—阴极间加正向电压 U_{GK}（U_{GG}）时,就产生控制极电流 I_G（即 I_{B2}）,经 T_2 放大后,形成集电极电流 $I_{C2} = \beta_2 I_{B2}$,这个电流又是 T_1 的基极电流 I_{B1},即 $I_{B1} = I_{C2}$。同样经过 T_1 放大,产生集电极电流 $I_{C1} = \beta_1 \beta_2 I_{B2}$,此电流又作为 T_2 的基极电流再进行放大,如此循环往复,形成正反馈过程,从而使晶闸管完全导通（电流的大小由外加电源电压和负载电阻决定）。这个导通过程是在极短的时间内完成的,一般不超过几微秒,称为触发导通过程,或称开通时间 t_{on}。导通后即使去掉 U_{GG},晶闸管依靠自身的正反馈作用仍然可以维持导通,并成为不可控元件。因此,U_{GG} 只起触发导通的作用,一经触发,不管 U_{GG} 存在与否,晶闸管仍将导通。

晶闸管导通时,其正向压降（阳—阴极间电压）一般为 0.6～1.2 V。但应注意的是,如果因外电路负载电阻增加而使晶闸管

的阳极电流 I_A 降低到小于某一数值 I_H 时,就不能维持正反馈过程,晶闸管就不能导通,而呈正向阻断状态。因此,称 I_H 为晶闸管的最小维持电流,它表示维持晶闸管导通的最小阳极电流。如果已导通的晶闸管的外加电压降到零(或切断电源),则阳极电流 I_A 降到零,晶闸管即自行阻断。

如果晶闸管加上反向电压(阳极为负,阴极为正),则此时 J_1、J_3 结均承受反向电压,无论控制极是否加上触发电压,晶闸管均不导通,呈反向阻断状态。

由分析可知,晶闸管的导通条件为:除在阳—阴极间加上一定大小的正向电压外,还要在控制极—阴极间加正向触发电压,只有电路满足这两个条件,晶闸管才能导通,否则就处于阻断状态。同时还要注意到,一旦晶闸管触发导通后,控制极即失去控制作用,这时要使电路阻断,必须使阳极电压降到足够小,以使阳极电流降到 I_H 以下。

二、晶闸管的伏安特性及主要参数

(一)伏安特性

晶闸管的基本特性常用其伏安特性曲线,即阳—阴极间电压和电流关系曲线(图 16-11)来表示。

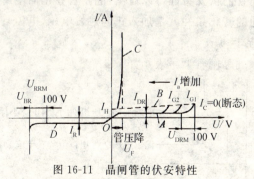

图 16-11 晶闸管的伏安特性

当晶闸管的阳—阴极间加上正向电压,控制极不加电压时,

J_1、J_3 结处于正向偏置,J_2 结处于反向偏置,晶闸管只流过很小的正向漏电流 I_{DR},即特性曲线的 OA 段,此时晶闸管阳—阴极间呈现很大的电阻,处于正向阻断状态。当正向电压上升到转折电压(又称正向不重复峰值电压)U_{BO} 时,J_2 结被击穿,漏电流突然增加,晶闸管由阻断状态突然转变为导通状态。

在图 16-11 中由 OA 段迅速跨过 OB 段而转到 OC 段,晶闸管导通后的正向特性与二极管的正向特性相似,即通过晶闸管的电流较大而其本身的管压降很小,如图 16-11 中的 OC 段所示。

当晶闸管加反向电压时,J_1、J_3 结处于反向偏置,J_2 结处于正向偏置。晶闸管只流过很小的反向漏电流 I_R,如图 16-11 中的 OD 段。此段特性与一般二极管的反向特性相似,晶闸管处于反向阻断状态。当反向电压增加到反向转折电压 U_{BR} 时,反向电流急剧增加,使晶闸管反向导通,并造成永久性损坏。

必须指出,在很大的正向和反向电压作用下使晶闸管击穿导通,实际上是不允许的。通常应使晶闸管在正向阻断状态下,将正向触发电压(电流)加到控制极而使其导通,由图 16-11 可见,触发电流越大,正向转折电压越小。

由晶闸管的伏安特性可以看出,晶闸管在正向电压作用下,从阻断到导通的转化条件就是加入正向触发电压(电流)。

(二)主要参数

普通系列晶闸管型号表示如下:

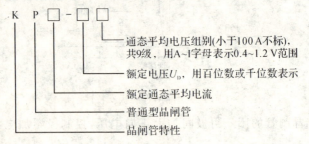

例如,KP200-18F 表示:$U_D = 1\,800$ V、$I_F = 200$ A 的普通型晶闸管。

由于生产发展的需要,利用 PN 结相互作用原理,采用不同材料和工艺,可以制成多种不同性能的晶闸管。例如双向晶闸管、可关断晶闸管、光控晶闸管、快速晶闸管、逆导晶闸管等。晶闸管的应用范围很广,利用它能将交流电能变成可以调节的直流电能(可控整流电路),也可以将直流电能变成交流电能(逆变电路)或变成频率可调的交流电能(变频器)或变成可调直流电压(斩波器)。晶闸管还可以做成各式各样的无触点功率开关等。

第三节　直流稳压电路

众所周知,发电厂供给的是 50 Hz 的正弦交流电,而在某些场所,例如电解、电镀、直流电动机以及电子技术领域,需要的是直流电源。将交流电转换成平滑而稳定的直流电通常是采用整流变压器把交流电源电压变为所需要的电压,再经整流电路把正弦交流电压变成单向脉动电压。由于脉动电压不能满足某些负载要求,因而还要经过滤波,有的还要求稳压,最后才能得到稳定的直流电压,所以在整流电路中,是利用二极管单向导电原理把交流电变成脉动直流电。小功率整流电路(200 W 以下)一般采用单相半波、单相全波、单相桥式和倍压整流,而对于大功率整流电路,为使三相电源负载平衡,一般采用三相半波或三相桥式整流电路。

本节仅对常用的单相桥式和三相桥式整流电路进行分析。为了讨论方便,在分析计算时,把二极管看做理想元件。

一、单相桥式整流电路

(一)工作原理

图 16-12 所示为单相桥式整流电路的几种画法,4 个二极管 $D_1 \sim D_4$ 接成桥式电路,R_L 为负载电阻。在 U_2 的正半周,a 端为

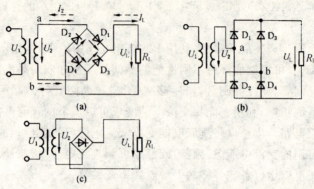

图 16-12　单相桥式整流电路

正,b 端为负时,电流通路如图中实线箭头所示;在 U_2 的负半周,电流通路如图中虚线箭头所示。可见,在 U_2 的整个周期内,通过负载 R_L 的电流 I_L 及其两端电压 U_L 的方向不变,U_L 及 I_L 的波形如图 16-13 所示。

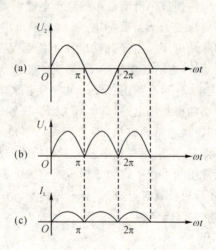

图 16-13　输出波形

（二）参数计算

1. 负载上电压、电流平均值

设 $u_2 = U_2 \sin \omega t$，则图 16-13（b）所示单向脉动电压的平均值为：

$$U_L = 0.9 U_2$$

负载 R_L 中电流平均值为：

$$I_L = U_L / R_L = 0.9 U_2 / R_L$$

$$U_{DRM} = U_2 \approx 1.57 U_L$$

2. 整流元件中的电流和承受的最高反向电压

由于单相桥式整流电路每个二极管导通半个周期，所以通过每个二极管的平均电流 I_D 为负载电流的一半，即：

$$I_D = \frac{1}{2} I_L = 0.45 U_2 / R_L \tag{16-1}$$

二极管截止时，承受的最高反向电压为 R_2 的峰值：

$$U_{DRM} = U_2$$

3. 变压器副边电压和电流有效值

变压器副边电压有效值为：

$$U_2 = U_L / 0.9 = 1.11 U_L$$

电流有效值：

$$I_2 = U_2 / R_L = 1.11 U_L / R_L = 1.11 I_L$$

由以上计算可以选择整流变压器和整流元件。

二、三相桥式整流电路

当负载要求整流电路输出功率较大（数千瓦以上）时，应采用三相整流电路。同单相整流电路相比，其优点是输出电压脉动小和三相电源负载平衡。

（一）工作原理

三相桥式整流电路如图 16-14 所示，电路由三相变压器和 6 个二极管组成。6 个二极管分成两组，每组中 3 个管子轮流导通。

D₁、D₃、D₅ 三个二极管阴极接在一起,阳极电位最高者导通;D₂、D₄、D₆ 三个二极管阳极接在一起,阴极电位最低者导通。

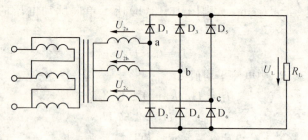

图 16-14 三相桥式整流电路

三相桥式整流电路波形图如图 16-15 所示。在 $t_1 \sim t_2$ 期间,a 相电压最高,则 D_1 导通,D_1 导通后使 D_3、D_5 承受反向电压而截止;b 相电位最低,则 D_4 导通,D_4 导通后使 D_2、D_6 承受反向电压而截止。此期间电流的通路是 a→D_1→R_L→D_4→b,负载两端电压为线电压 U_{ab},如图 16-15(b)所示。同理,在 $t_2 \sim t_3$ 期间,a 相电压最高,c 相电压最低,则 D_1、D_6 导通,电流通路是由 a→D_1→R_L→D_6→c,负载上电压为线电压 U_{ac}。其余时间依此类推。

(二)参数计算

1. 负载上电压与电流平均值

负载上的电压为脉动的线电压,利用傅立叶级数分解可得其平均值(即直流分量)为:

$$U_L = 2.34 U_2$$

式中 U_L——变压器副边相电压有效值。

负载中电流平均值为:

$$I_L = U_L / R_L = 2.34 U_2 / R_L$$

2. 整流元件中的电流和承受的最高反向电压

因每个元件导通 1/3 周期,所以通过每个元件的电流为:

$$I_D = \frac{1}{3} I_L = 0.78 U_2 / R_L$$

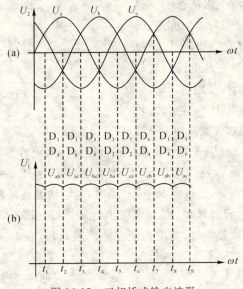

图 16-15　三相桥式输出波形

当二极管截止时,其承受的最高反向电压为线电压的峰值,即:

$$U_{\text{DRM}} = \sqrt{2} \times \sqrt{3} U_2 = 2.45U_2$$

三、滤波电路

整流输出电压(电流)是脉动电压(电流),含有较大的交流成分。这样的脉动电压对某些负载可以直接应用,例如蓄电池充电机、直流电动机等,但在大多数情况下,则不能满足要求。因此,需要经滤波电路滤除交流分量。

滤波电路由电抗、电容元件构成,利用电抗和电容元件的储能作用来改善电压或电流的脉动程度。

(一)电容滤波

图 16-16 所示为桥式整流电容滤波电路,在整流电路的输出端与负载并联一个较大的电容器 C。

电容滤波电路特点：

（1）二极管导电时间短，即 U_2 向 C 充电时间短，所以二极管导通时通过它的电流幅度较大。尤其是当刚接通电源时，电容上无初始电压，充电电流较

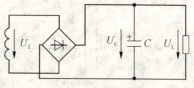

图 16-16　电容滤波电路

大，二极管通过较大的冲击电流，在选择二极管时必须予以考虑。

（2）输出电压平均值及其脉动程度除了与电容 C 的数值有关外，还与 R_L 值有关。随着 R_L 值的减小，输出电压平均值及其平滑程度都要下降，所以当 R_L 值较小时，电容滤波性能较差。

总之，电容滤波电路简单，输出电压较高，其缺点是在 R_L 值较小且其变动较大时，输出性能较差。因此，这种电路适用于 R_L 值不太小且变动不大的场合。

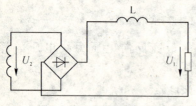

图 16-17　电感滤波电路

（二）电感滤波

电感滤波是在整流电路与负载间串联一个电感 L，如图 16-17 所示。

由于电感中电流没有突变，所以与负载串联后，抑制了电流的变化，负载上可以得到比较平滑的直流输出电压。如果忽略电感线圈的电阻，则电感上不产生直流压降，对于桥式整流电感滤波，负载上的直流平均电压仍为：

$$U_L = 0.9U_2$$

电感滤波的特点是二极管导通时间较长，因而电流幅度较小，且较平滑；其缺点是电感线圈的体积和质量均较大。电感滤波一般适用于低电压、大电流的场合。

（三）复式滤波

复式滤波电路就是由两种以上滤波元件组成的滤波电路。图16-18(a)所示是由电感和电容组成的 L 型滤波电路。由于经电感和电容两次滤波，所以输出的直流电压和电流更加平稳。

图 16-18(b)是由电容 C_1、C_2 和电感 L 组成的一种复式滤波电路，由于有三个元件进行三次滤波，所以滤波效果比 L 型滤波电路更好。在某些电流不大的场合也可用电阻代替电感，组成如图 16-18(c)所示的 $RC\,II$ 型滤波电路。

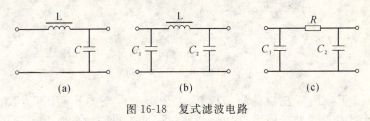

(a)　　　　　　　(b)　　　　　　　(c)

图 16-18　复式滤波电路

四、稳压管及其稳压电路

（一）稳压二极管

稳压二极管是一种特殊的二极管，它通常用做稳压器件，故称稳压管（又称齐纳二极管）。它的电路符号及特性曲线如图 16-19 所示。

稳压管与普通二极管的不同点是它正常工作于反向击穿区，且在外加反向电压撤除后，管子仍能恢复正常状态，这种性能称为可逆性反向击穿。由于稳压管是经过特殊的工艺加工制成的面接触型二极管，接触面上电流较均匀，具有足够的耗散功率，故虽使其工作在较大的反向电流下也不致引起 PN 结过热而损坏。当然，如果反向电流太大，超过允许的最大值，则稳压管就会因产生不可逆的热击穿而烧坏。因此，稳压管必须串联一个合适的限流电阻后再接入电源。

图 16-19(a)所示为稳压管的伏安特性，形状与普通二极管类

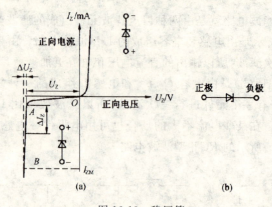

图 16-19 稳压管

（a）伏安特性曲线；（b）电路符号

似。其正向特性与普通二极管的基本一样，正向导通电压约为
0.6 V，但它的反向击穿特性曲线更陡些。当所加反向电压小于
击穿电压 U_Z（又称稳压管的稳定电压，对应于曲线中 A 点的电
压）时，反向电流极小，但当反向电压增加到 U_2 后，稳压管的反向
电流急剧增加，此后只要反向电压稍有增加，反向电流就增加很
多，这时稳压管处于反向击穿状态。曲线中的 AB 段就是稳压管
正常工作的反向击穿区。稳压管正是利用该区段内电流在很大范
围内变化而电压基本不变的特性来进行稳压的。

稳压管的主要参数如下：

（1）稳定电压 U_Z。

（2）电压温度系数 a_Z。

（3）动态电阻 r_Z。

（4）最大耗散功率 P_{ZM}。稳压管不致产生热击穿的最大功率
损耗值，即：

$$P_{ZM} = I_{ZM} U_Z$$

如果稳压管的电流超过 I_{ZM} 使之消耗的功率值大于 P_{ZM}，则稳

压管就会烧坏。如图 16-20 所示电路中,稳压管的参数为 $U_Z = 12\ \text{V}$,I_{ZM} 为 18 mA。为使管子不致烧坏,限流电阻取值至少应为:

图 16-20 稳压电路图

$$R \geqslant \frac{20-12}{18} = 0.44(\text{k}\Omega)$$

即当 $R \geqslant 440\ \Omega$ 时,$I_Z \leqslant I_{ZM}$。

(二)稳压管使用时的注意事项及稳压电路的计算

1. 使用时的注意事项

(1)注意稳压管型号、稳压值、允许耗散功率,使用时不要超过允许耗散功率。

(2)为了起稳压作用,稳压管必须工作在反向击穿区。

(3)一般情况下,稳压管不能并联使用,因为稳压值的微小差别将引起并联工作的稳压管电流分配极不均匀,对于电流大的稳压管,可能造成过载损坏。

(4)接到电源上时,必须串联一个电阻,该电阻称为稳压电阻,它可以限制稳压管中的电流不超过允许值。如果没有这个电阻,当电源电压稍许超过稳压值时,将使稳压管中电流迅速增大而烧坏。所以,正确选择稳压电阻是应用稳压管特别要注意的问题。

2. 稳压电路计算

例如:图 16-21 所示硅稳压管稳压电路中,已知负载需要的直流电压 U_L 为 12 V,负载电阻 R_L 在开路($R_L \to \infty$)至 2 kΩ 之间变化,试确定稳压管及稳压电路的输入电压值。

解 (1)根据负载所需电压和电流选稳压管。首先选一稳压管稳定电压值 U_L 为 12 V。负载电流将随 R_L 的阻值而变化,当负载开路时,电流最小,$I_{Lmin} = 0$;当 $R_L = 2\ \text{k}\Omega$ 时,负载电流最大,

$$I_{Lmax} = \frac{U_Z}{R_L} = \frac{12}{2} = 6(\text{mA})。$$

考虑到负载开路时,所有电流要流过稳压管,此外,电源电压升高时,也会使流过稳压管的电流增加,因此,一般取稳压管的最大稳定电流为:

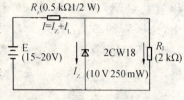

图 16-21　简单稳压电路计算

$$I_{ZM} = (2\sim3) I_{Lmax}$$

现取　　　　$I_{ZM} = 3 I_{Lmax} = 3 \times 6 = 18 \text{(mA)}$

（2）确定稳压电路的输入电压。考虑到限流电阻 R_Z 上有电压降,故输入电压 U_i 必须大于输出电压 U_L,一般取:

$$U_i = (2\sim3) U_L$$

现取　　　　$U_i = 2.5 U_L = 2.5 \times 12 = 30 \text{(V)}$

因而选用输入电压为 30 V。

复习思考题

1. 什么是 PN 结?

2. 晶体二极管的主要参数有哪些?

3. 晶闸管的作用是什么?

4. 简述晶闸管的结构及导通条件。

5. 简述三相桥式整流电路的工作原理。

6. 滤波电路有哪些种类? 各适用于什么场合?

7. 稳压二极管与普通二极管相比有什么特点?

第十七章　电机车的压缩空气系统

第一节　压缩空气系统的特点及组成

一、矿用电机车空气制动特点

矿用电机车空气制动与手闸制动系统比较具有如下特点：操作简单方便，司机劳动强度低；制动系统工作灵敏、迅速、空行程短，从而大大提高了机车的安全性能。由于空气制动系统是在手闸制动系统基础上增加了压缩空气系统，因此该系统的结构复杂，增加了气路方面的维护工作量。

二、矿用电机车压缩空气系统的组成

电机车压缩空气系统的组成可分为四部分：

（1）压缩空气发生装置。它是把电能—机械能转变为压缩空气能的装置，由电动机、空气压缩机及有关附件组成。

（2）气动执行器。它是把压缩空气能转换成机械能或其他能的机构，包括制动汽缸、气喇叭、气撒砂器等。

（3）气动控制元件。它是压缩空气发生装置或气动执行器工作的控制元件，主要由压力控制阀、压力继电器（调压器）及方向控制阀等组成。

（4）气动附件。它包括管道、储气罐、空气过滤器、油水分离器、压力表等。

三、电机车压缩空气系统各部件的作用及表示符号

压缩空气系统各部件符号见表17-1。

表 17-1　　　　**电机车压缩空气系统各部件符号**

序号	名称	表示符号	说　明
1	电动机	Ⓜ	单向旋式直流电动机
2	空气压缩机		箭头所指处为排气口
3	汽缸		单作用弹簧复位式汽缸,O 为排气口
4	安全阀	P K O	P 为压力接口,K 为控制端,O 为排气口。当压力超过规定值时,P 与 O 相通排气
5	压力继电器	P	P 为压力接口,当压力超过整定上限值时,开关转向另一端(切断电源);当压力下降低于整定下限值时,开关复位(接通电源)
6	二位二通阀	P A	常闭式二位二通按钮,按下按钮,P 与 A 接口闭合;松开按钮,靠弹簧自动复位,P 与 A 接口断开
7	二位三通阀	O P A	二位脚踏阀,当脚踏阀板时,P 与 A 接口相通。松开阀板,靠弹簧作用复位,A 与 O 接口相通
8	单向阀		只允许箭头方向进气,反向截止
9	截止阀		手动气路开关
10	储气罐		两端为气路接口
11	空气过滤器		两端为气路接口

序号	名称	表示符号	说　明
12	分水滤气罐		两侧为气路接口,下端为手动排水口
13	油雾器		两侧为气路接口
14	管路		
15	接头		
16	气喇叭		
17	气撒砂器		

（1）电动机。用于拖动空气压缩机运行,把电能转换成机械能的电气设备。用于电机车上的风泵电动机为直流电动机,一般功率在 $2\sim5\ \mathrm{kW}$ 之间。

（2）空气压缩机(风泵)。将机械能转换成压缩空气能的机械装置(主机)。

（3）制动汽缸。将压缩空气能转换成机械能的机构。

（4）气动喇叭。将压缩空气能转换为声能的装置。

（5）气撒砂器。利用压缩空气进行撒砂的机械装置。

（6）安全阀。限制压缩空气系统压力极限的安全保护器件。它安装在压缩空气系统承压管路上,当系统的压力超过安全阀整定值时,安全阀自动打开排气,使系统压力不超过安全极限。

（7）压力继电器(又叫调压器)。自动控制空气压缩机电动机运行的气压开关。当系统压力高于压力继电器的上限整定值时,开关断开,电动机停止工作;当系统压力低于其下限整定值时,开关闭合,电动机开始工作,从而使压缩空气系统始终保持某一范围的工作压力。

(8) 方向控制阀(换向阀)。它的作用是改变气流的方向,从而改变执行器的运动方向。换向阀的操作方法可分为手动、脚踏、电动、机械碰撞和气动等,电机车上一般采用手动和脚踏方式。按工作位置、数目和与外部连接管路的数目,换向阀可分为二位二通、二位三通、二位四通、三位四通等。电机车经常采用的有二位二通阀、二位三通阀。

(9) 单向阀。属于方向控制阀的一种,它只允许单方向压缩空气通过。单向阀安装在空气压缩机排气出口,防止系统的压力向空气压缩机内反馈。

(10) 截止阀。气路开关。

(11) 储气罐(风包)。存储一定容积的压缩空气,以减少工作气压波动。

(12) 空气滤清器。保证进入空气压缩机的空气清洁,同时具有消音作用。

(13) 分水滤气器。清除压缩空气中的水分和细微的污垢,保证压缩空气干燥清洁。

(14) 油雾器。向气路系统提供雾化油,供气动元件润滑。

(15) 导管及接头。用于传导压缩空气。

(16) 压力表。用于显示系统的工作压力。

第二节 电机车压缩空气系统的工作原理

一、电机车压缩空气系统原理

ZK-10 型电机车的压缩空气系统的原理如图 17-1 所示。由直流电动机 1 拖动空气压缩机 2 运转,将空气经过滤器 3 吸入空气压缩机,经加压后的空气通过单向阀 4 和分水滤气器 5 排进工作管路及储气罐。当工作管路内的压力达到规定的最高工作压力时,调压器 7(压力继电器)动作,使直流电动机 1 断电停止运行。当管路内的压缩空气经使用后下降到规定的最低工作气压以下时,调压器 7 动作接通直流电动机 1 的电源,电动机运转,使系统压力再升高到规定的最大工作压力后又断电,如此反复,使电机车压缩空气系统始终保持稳定的工作压力。当该系统因某种故障造成电动机不停地运转,使工作压力超过极限压力时,管路上的安全阀 11 就会自动动作排气,从而保证压缩空气系统的压力不超过安全压力。

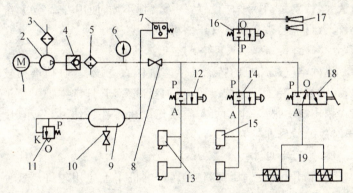

图 17-1　ZK-10 型电机车压缩空气系统原理图

1——直流电动机;2——空气压缩机;3——过滤器;4——单向阀;5——分水滤气器;
6——压力表;7——压力继电器(调压器);8——气路开关;9——储气罐(风包);
10——放水开关;11——安全阀;12,14——按钮式前后撒砂阀;13,15——前后撒砂筒;
16——按钮式汽笛阀;17——汽笛;18——脚踏式制动阀;19——制动缸

　　当需要控制制动时,司机可脚踏制动阀 18,则压缩空气经二位三通阀 P 接口进入 A 接口至制动缸 19,推动活塞,使制动闸瓦压紧车轮进行制动。当机车停止或达到某一速度时,司机脚离开制动阀板,则二位三通阀(制动阀)在弹簧作用下自动复位,进气口 P 封死,A 接口与排气口 O 接通,制动汽缸内的压缩空气由排气口 O 排出,活塞靠弹簧力作用自动回到原位,闸瓦被拉开,制动解除。

二、窄轨电机车使用的空气压缩机的类型与特点

目前我国架线式电机车上使用的空气压缩机基本有三种类型:卧式、立式和无油润滑式。

(一)卧式双缸单级风冷式空气压缩机

该空气压缩机的特点是空气压缩机、电动机、减速机构合为一体,横向设置活塞,采用润滑油对各部件进行润滑。由于此种空气压缩机与电动机合为一体,散热情况较差,体积大,工作噪声大,耗油量大,特别是活塞横向设置,气罐磨损不均,使用寿命较短,维护量较大,目前已被立式空气压缩机所取代。

(二)立式三缸单级风冷式空气压缩机

这种空气压缩机的特点是活塞缸体直立设置,缸体磨损较均匀;润滑方面有了很大的改进,耗油量减少,其日常维护工作量与卧式相比减少很多;电动机与空气压缩机不在一体,体积小、质量轻,对故障检修非常有利。

(三)无油润滑式空气压缩机

无油润滑式空气压缩机在 14 t 电机车上应用较好。这种空气压缩机具有如下特点:

(1)汽缸是用铝铸成的,外部铸有散热片,缸体内部采用了氧化铝膜工艺,具有良好的耐磨性。

(2)空气压缩机活塞杆轴承采用了复合轴承,活塞环、导向环均采用充填聚四氟乙烯材料制成,可耐温 180～230 ℃,无需润滑油进行润滑。

(3)由于无需润滑油,减少了维护工作量,工作环境大大改善。

(4)故障率低,使用寿命长,维护成本低。

(5)采用了进口消声式空气滤清器,噪声小。

三、电机车的空气机械制动装置

在重型矿用电机车上,为了提高制动效果设有空气机械制动装置,如在 ZK-10 型电机车和一些改造机车上就装有此装置。

(一)空气机械制动装置的工作原理

空气机械制动装置的工作原理如图 17-2 所示。在直流电动机的驱动下,将电能转换为机械能,压风机产生的压缩空气进入制动缸,从而推动机械制动闸瓦,对电机车轮对实行制动,使电机车达到制动的目的。

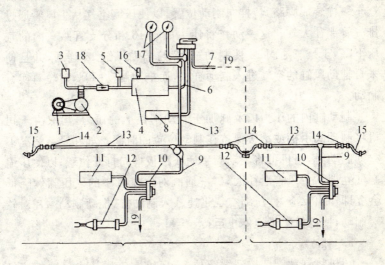

图 17-2　空气机械制动装置的结构和原理

1——直流电动机;2——空气压缩机(压风机);3——进风过滤器;4——主风缸;
5——压力控制调节器;6——管道;7——制动阀;8,13——主风管;9——分支管路;
10——三通阀;11——辅助风缸;12——制动缸;14——旋塞阀;15——软管连接头;
16——安全阀;17——压力表;18——逆止阀;19——排气管

1. 充气

直流电动机 1 驱动压风机 2,迫使空气从进风过滤器 3 的吸入口通过逆止阀 18 流到主风缸 4。当主风缸压力达到所需的最大值时,压力控制调节器 5 就自动切断压风机的电动机电源;当主风缸压力降到一定值时,压力控制调节器 5 就会重新接通压风机的电动机电源,使主风缸压力达到最大值。主风缸装有安全阀16,压力超限时会自动排出一些压缩空气。压缩空气从主风缸 4通过管道 6 达到司机室的制动阀 7。

2. 制动

施行制动时,司机将制动阀 7(有的电机车空气机械制动阀像汽车一样装成脚踏式)推向制动位置,以使压缩空气从主风管通过排气管泄往大气。这一动作将使主风管 13 和分支管路 9 内的气压下降,于是三通阀 10 使制动缸 12 与辅助风缸 11 连通,并且使来自辅助风缸的空气进入制动缸,从而推动制动闸瓦,对轮对实行制动。

制动缸内的压力以及施加于制动闸瓦上的压力,均取决于司机将制动阀手柄或踏板保持在制动位置的时间。如在紧急情况下立即制动时,司机可将制动阀手柄或踏板推向打开位置,以使压缩空气立即从主风管泄往大气,三通阀对主风管中的气压骤然降低会立即作出反应,使压缩空气迅速补入制动缸,推动制动闸瓦对轮对制动,使电机车迅速停止运行。

3. 制动缓解

司机将制动阀 7 拉到缓解位置,压缩空气便从主风缸 4 流经主风管 13 到达制动系统的分支管路 9,同时分支管路 9 内的空气压力自动触通三通阀 10,使辅助风缸 11 能从三通阀充气,三通阀在此位置上可断开制动缸 12 和压力风管的连接,制动闸瓦在此无压力的情况下,由弹簧作用使其恢复原来的位置,此时制动缓解。

(二)空气系统概述(ZK-10 型架线式电机车)

空气系统供电机车运行中施行空气制动及撒砂鸣笛时使用,压缩空气的工作压力调整为 0.5~0.65 MPa。本系统由下列部件组成：

(1) 空气压缩机。为三缸单级式，生产能力为 200 L/min，压缩终点压力为 0.7 MPa，由一台 ZQD2 型串激式电动机通过联轴节直接带动，电动机额定功率为 1.9 kW。

(2) 风缸。在电机车后部装有一只储存压缩空气用的风缸，容积为 45 L，风缸工作压力为 0.8 MPa，强度试验压力为 12 MPa，风缸底部备有排污阀。

(3) 气压调节器。系统中采用 QJM1-2 型气压调节器。当系统内空气压力小于 0.5 MPa，它可自动闭合空气压缩机电动机，使空气压缩机开始工作；当系统内空气压力为 0.65 MPa，气压调节器就自动断开空气压缩机电动机，使空气压缩机停止工作。

(4) 安全阀。装置安全阀是为了进一步保证空气系统的安全，将其排放压力调整为 0.8 MPa。当系统内的压力超过此值时，压缩空气可通过安全阀排入大气。

(5) 止回阀。止回阀安装于空气压缩机出口处，用于防止风缸内的压缩空气向空气压缩机内反馈。

(6) 制动阀。用于控制压缩空气进入制动闸缸的风量。司机用脚踩操纵此阀，当脚踩下踏板时，制动阀动作，使压缩空气进入制动闸缸，对电机车施行制动；当脚松开踏板后，则制动自动缓解。

(7) 制动闸缸。制动闸缸由缸体、缸盖、活塞、皮碗、缓解弹簧等主要零件组成。当压缩空气进入制动闸缸后，即可产生足够的制动原力。制动阀缓解后，制动闸缸内的缓解弹簧推动活塞回至初始位置，闸瓦与轮缘脱离接触，即制动缓解。

(8) 油水分离器。空气压缩机在工作过程中产生的油微粒，经过油水分离器而滤掉。经常旋开其下部塞子，即可放出积聚的油、水。

(9) 截断塞门。截断塞门用于连通或截断气路，以方便维修。

四、空气制动系统常见故障与处理

（一）空气制动系统中压力不能上升或上升缓慢的原因

（1）空气制动系统中某处有漏气故障（如排泄阀未拧紧，操纵阀、安全阀、管路接头等漏气）。

（2）空气过滤器污损严重堵塞。

（3）空气压缩机缸体某处漏气或吸、排气阀污损。

（4）空气压缩机缸壁或活塞环磨损过限，空气压缩机效率低。

（5）压力表不准。

（6）某些原因造成空压转速不够，如电动机电压过低等。

（二）空气制动系统压力超过操作压力使安全阀动作的原因

（1）当压力表失准时，可能显示气压系统压力超过操作压力。

（2）调压器失准或损坏将会使系统气压超过操作压力，当调压器某电器元件损坏时，不能正常断电，这时空气压缩机将连续工作，当气压超过安全阀整定值时，安全阀动作。

（三）空气压缩机噪声过大的原因

（1）固定空气压缩机或电动机的螺钉松动。

（2）内部轴承损坏。

（3）活塞顶缸。

（4）缸体磨损过限或活塞环磨损过限及损坏。

（四）电机车空气压缩机突然不工作的原因

（1）空气压缩机内部损坏卡住，使电动机过流或空气压缩机电动机故障短路，造成熔断器烧断。

（2）供电回路的导线断路及接线端子与接线接触不良，或空气压缩机电动机断路。

（3）压力继电器（调压器）接线开路或机构损坏造成触点自动分断。

（4）管路压力已达到整定值，调压器触头正常分断。

（五）使用、维修、保养和检查全无油润滑压缩机注意事项

每天检查一次下列各项：

（1）排放。当储气罐压力在 40.03～98.07 kPa 时，打开储气罐下部排泄旋塞，放掉气罐内污物。

（2）压力表。压力表指针移动平稳，当储气罐压力为零时，其指针也应指到"0"。

（3）校准压力开关。当压力达最大额定压力时，检查压力开关的工作情况。

（4）安全阀。当压力接近最大额定压力时，轻轻拉起安全阀拉杆，确保安全阀工作正常。

（5）消声滤清器每日清洗一次。

（6）曲轴箱上的滤清器，每月清洗一次。

（7）储气罐下排污孔，每月清洗一次。

（8）皮带拉长和磨损，每月检查一次。可移动电动机调整皮带松紧，或更换新皮带。

复习思考题

1. 简述矿用电机车压缩空气系统的组成。

2. 试述电机车空气机械制动装置的工作原理。

3. 分析电机车空气制动系统中压力不能上升或上升缓慢的原因。

4. 分析电机车空气压缩机突然不工作的原因。

第十八章 变频调速

随着现代电力电子技术及计算机控制技术的迅速发展,促进了电气传动的技术革命。交流调速取代直流调速,计算机数字控制取代模拟控制已成为发展趋势。交流电动机变频调速是当今节约电能、改善生产工艺流程、提高产品质量以及改善运行环境的一种主要手段。变频调速以其高效率、高功率因数以及优异的调速和启制动性能等诸多优点而被国内外公认为最有发展前途的调速方式。

第一节 变频调速原理

一、交流异步电动机的调速原理

交流异步电动机的转速关系式如下:

$$n=(1-s)\frac{60f_1}{p} \tag{18-1}$$

式中　f_1——定子供电频率;

　　p——磁极对数;

　　s——转差率;

　　n——电动机转速。

由交流电机转速公式可知,交流异步电动机的调速方式有三种。

（一）变极调速

通过改变电动机定子绕组的接线方式以改变电机极数实现调速,这种调速方法是有级调速,不能平滑调速,而且只适用于鼠笼式异步电动机。

（二）改变电机转差率调速

（1）通过改变电机转子回路的电阻进行调速，此种调速方式效率不高，且不经济，只适用于绕线式异步电动机。

（2）采用电磁转差离合器进行调速，调速范围宽且能平滑调速，但这种调速装置结构复杂，低速运行时损耗较大、效率低。

（3）较好的转差率调速方式是串级调速，这种调速方法是通过在转子回路串入附加电动势实现调速的。这种调速方式效率高、机械特性好，但设备投资费用大，操作不方便。

（三）变频调速

通过改变异步电动机定子的供电频率 f_1，以改变电动机的同步转速达到调速的目的，其调速性能优越，调速范围宽，能实现无级调速。

二、变频调速的工作原理

由《电机学》中的相关知识可知，异步电动机定子绕组的感应电动势 E_1 的有效值为：

$$E_1 = 4.44 K_{r1} f_1 N_1 \Phi_m \qquad (18\text{-}2)$$

式中　E_1——气隙磁通在定子每相中感应电动势的有效值；

f_1——定子频率；

N_1——定子每相绕组串联匝数；

K_{r1}——与绕组有关的结构常数；

Φ_m——每极气隙磁通量。

（一）基频以下调速

由式(18-2)可知，要保持 Φ_m 不变，当频率 f_1 从额定值 f_{1N} 向下调时，必须降低 E_1，使 E_1/f_1＝常数，即采用电动势与频率之比恒定的控制方式，但绕组中的感应电动势不易直接控制。当电动势的值较高时，可以认为电机输入电压 $U_1 \approx E_1$，则可通过控制 U_1 达到控制 E_1 的目的，即：

$$\frac{E_1}{f_1} = 常数$$

基频以下调速时的机械特性曲线如图 18-1 所示。如果电动机在不同转速下都具有额定电流,则电动机都能在温升允许的条件下长期运行,这时转矩基本上随磁通变化。由于在基频以下调速时磁通恒定,所以转矩恒定,其调速属于恒转矩调速。

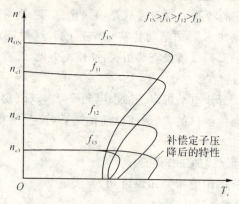

图 18-1　基频以下调速时的机械特性

(二) 基频以上调速

在基频以上调速时,频率可以从 f_{1N} 向上增加,但电压 U_1 却不能超过额定电压 U_{1N},最大为 $U_1 = U_{1N}$,由式(18-2)可知,这将使磁通 Φ_m 随频率 f_1 的升高而降低,相当于直流电机弱磁升速的情况。在基频以上调速时,由于电压 $U_1 = U_{1N}$ 不变,当频率升高时,电动机的同步转速 n_1 随之升高,气隙磁动势减弱,最大转矩减小,电磁功率 $P = 2\pi T n_1 / 60$ 基本不变。所以,基频以上变频调速属于弱磁恒功率调速。其机械特性如图18-2所示。

三、交流变频系统的基本形式

(一) 交—交变频系统

它是一种可直接将某固定频率交流变换成可调频率交流的电

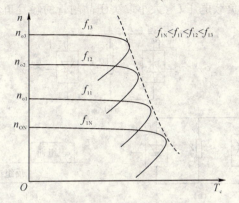

图 18-2　基频以上调速时的机械特性

路系统。与交—直—交间接变频相比，提高了系统变换效率。又由于整个变频电路直接与电网相连接，故可采用电网电压自然换流，无需强迫换流装置，简化了主电路结构，提高了换流能力。交—交变频电路广泛应用于大功率低转速的交流电动机调速传动、交流励磁变速恒频发电机的励磁电源等。

1. 三相输入、单相输出的交—交变频电路

(1) 基本工作原理。三相输入、单相输出的交—交变频器原理如图 18-3 所示，它是由两组反并联的三相晶闸管可控整流桥和单相负载组成的。其中图 18-3(a)接入了足够大的输入滤波电感，输入电流近似矩形波，称为电流型电路；图 18-3(b)则为电压型电路，其输出电压可为矩形波，亦可通过控制成为正弦波；图 18-3(c)为图 18-3(b)电路输出的矩形波电压，用以说明交—交变频电路的工作原理。当正组变流器工作在整流状态时，反组封锁，以实现无环流控制，负载 Z 上电压 U_o 为上"+"，下"−"；反之，当反组变流器处于整流状态而正组封锁时，负载电压 U_o 为上"−"、下"+"，负载电压交变。若以一定频率控制正反两组变流器交替工作(切换)，则向负载输出交流电压的频率 f_o 就等于两组变流器的

切换频率。负载电压 U_0 大小取决于晶闸管的触发角 α。

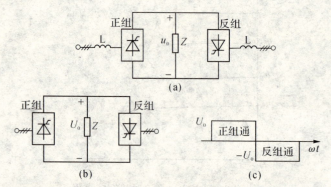

图 18-3 三相输入—单相输出的交—交变频器原理图

(a) 电流源型；(b) 电压源型；(c) 输出电压 U

（2）工作状态。三相—单相正弦型交—交变频电路如图 18-4 所示，它由两个三相桥式可控整流电路构成。如果输出电压的半周期内使导通组变流器晶闸管的触发角变化，如 α 从 90°到 0°，再增加到 90°，

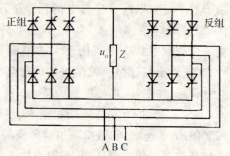

图 18-4 三相—单相正弦型交—交变频电路

则相应变流器输出电压的平均值就可以按正弦规律从零变到最大，再减小至零，形成平均意义上的正弦波电压波形输出。输出电压的瞬时值波形不是平滑的正弦波，而是由片段电源电压波形拼接而成。在一个输出周期中所包含的电源电压片段数越多，波形就越接近正弦，通常要采用六脉波的三相桥式电路或十二脉波变流电路来构成交—交变频器。

2. 三相输入—三相输出的交—交变频电路

三相输出交—交变频电路由 3 个输出电压相位互差 120°的单相输出交—交变频电路按照一定方式连接而成,主要用于低速、大功率交流电动机变频调速传动。

三相输出交—交变频电路有两种主要接线方式,如图 18-5 所示。

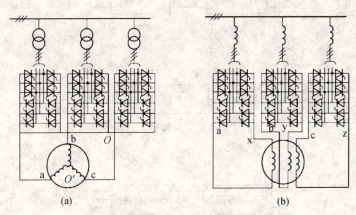

图 18-5　三相输出交—交变频电路连接方式

(a) 输出 Y 接方式;(b) 公共交流母线进线方式

(1) 输出 Y 接方式:3 组单相输出交—交变频电路接成 Y 型,中点为 O';三相交流电动机绕组亦接成 Y 型,中点为 O。由于 3 组输出连接在一起,电源进线必须采用变压器隔离。这种接法可用于较大容量交流调速系统。

(2) 公共交流母线进线方式:它由 3 组彼此独立、输出电压相位互差 120°的单相输出交—交变频电路构成,其电源进线经交流进线电抗器接至公用电源。因电源进线端公用,3 组单相输出必须隔离。这种接法主要用于中等容量交流调速系统。

(二) 交—直—交变频系统

在交—直—交变频调速系统中,变频器有三种主要结构形式。

（1）用可控整流器调压，如图 18-6(a)所示。这种装置结构简单，控制方便。但是，当电压或转速调得较低时，电网端的功率因数较低；输出环节多采用由功率开关元件组成的三相六拍逆变器，输出的谐波较大，这是该方法的缺点。

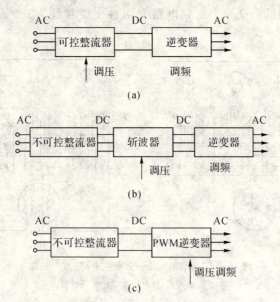

(a)

(b)

(c)

图 18-6　交—直—交变流器的各种结构
(a) 整流调压；(b) 斩波调压；(c) PWM 调压

（2）用不可控整流器整流，如图 18-6(b)所示。这种方法是在主回路增设的斩波器上用脉宽调压，而整流环节采用二极管不可控整流器。这样显然多增加了一个功率环节，但输入功率因数高，克服了前种方法的一个缺点，而逆变器输出信号的谐波仍较大。

（3）用不可控整流器整流，PWM 型逆变器调压，如图 18-6(c)所示。这种方法输入功率因数高，输出谐波可以减少，这样，前两种方法中存在的缺点都解决了。谐波能减少的程度取决于功率开关元件的开关频率,而开关频率则受器件开关时间的限制。只有采用可控关断的全控式功率开关元件以后,开关频率才得以大大提高。逆变器的输出波形几乎是正弦波,因此成为当前被采用的一种调压控制方法。

四、变频器的 PWM 型逆变电路

在工业应用中许多负载对逆变器的输出特性有严格要求,除频率可变、电压大小可调外,还要求输出电压基波尽可能大、谐波含量尽可能小。对于采用无自关断能力晶闸管元件的方波输出逆变器,多采用多重化、多电平化措施使输出波形多台阶化来接近正弦。这种措施电路结构较复杂,代价较高,效果却不尽如人意。改善逆变器输出特性另一种办法是使用自关断器件作高频通、断的开关控制,将台阶电压输出变为等幅不等宽的脉冲电压输出,并通过调制控制使输出电压消除低次谐波,只剩幅值很小、易于抑制的高次谐波,从而极大地改善了逆变器的输出特性。这种逆变电路就是 PWM 型逆变电路,它是目前直流—交流(DC－AC)变换中最重要的变换技术。

第二节　变　频　器

一、变频器的组成

(一)主电路

主电路是给异步电动机提供调压调频电源的电力变换部分,变频器的主电路大体上可分为两类:电压型是将电压源的直流变换为交流的变频器,直流回路的滤波是电容;电流型是将电流源的直流变换为交流的变频器,其直流回路滤波是电感。它由三部分构成:将工频电源变换为直流电源的整流器,吸收在变流器和逆变器产生的电压脉动的平波回路,以及将直流功率变换为交流功率的逆变器。

1. 整流器

最近大量使用的是二极管的变流器,它把工频电源变换为直流电源。也可用两组晶体管变流器构成可逆变流器,由于其功率方向可逆,可以进行再生运转。

2. 平波回路

在整流器整流后的直流电压中,含有电源 6 倍频率的脉动电压,此外逆变器产生的脉动电流也使直流电压变动。为了抑制电压波动,采用电感和电容吸收脉动电压(电流)。装置容量小时,如果电源和主电路构成器件有余量,可以省去电感采用简单的平波回路。

3. 逆变器

同整流器相反,逆变器是将直流功率变换为所要求频率的交流功率,以所确定的时间使 6 个开关器件导通、关断,就可以得到三相交流输出。

(二)控制电路

控制电路是给异步电动机供电(电压、频率可调)的主电路提供控制信号的回路,它由频率、电压的"运算电路",主电路的"电压、电流检测电路",电动机的"速度检测电路",将运算电路的控制信号进行放大的"驱动电路",以及逆变器和电动机的"保护电路"组成。

(1)运算电路:将外部的速度、转矩等指令同检测电路的电流、电压信号进行比较运算,决定逆变器的输出电压、频率。

(2)电压、电流检测电路:与主回路电位隔离检测电压、电流等。

(3)驱动电路:驱动主电路器件的电路。它与控制电路隔离,使主电路器件导通、关断。

(4)速度检测电路:以装在异步电动机轴机上的速度检测器的信号为速度信号,送入运算回路,根据指令和运算可使电动机按指令速度运转。

(5) 保护电路:检测主电路的电压、电流等,当发生过载或过电压等异常时,为了防止逆变器和异步电动机损坏,使逆变器停止工作或抑制电压、电流值。

二、变频器的作用

变频器集成了高压大功率晶体管技术和电子控制技术,得到广泛应用。变频器的作用是改变交流电机供电的频率和幅值,因而改变其运动磁场的周期,达到平滑控制电动机转速的目的。变频器的出现,使得复杂的调速控制简单化,用变频器+交流鼠笼式感应电动机组合替代了大部分原先只能用直流电机完成的工作,缩小了体积,降低了维修率,使传动技术发展到新阶段。

变频器可以优化电机运行,所以也能够起到增效节能的作用。根据全球著名变频器生产企业 ABB 的测算,单单该集团全球范围内已经生产并且安装的变频器每年就能够节省 1.150×10^{12} kW·h 电力,相应减少 9.700×10^{7} t 二氧化碳排放,这已经超过芬兰一年的二氧化碳排放量。

三、变频器控制方式

低压通用变频输出电压为 $380 \sim 650$ V,输出功率为 $0.75 \sim 400$ kW,工作频率为 $0 \sim 400$ Hz,它的主电路都采用交—直—交电路。其控制方式经历了以下四代。

(一) $U/f = C$ 的正弦脉宽调制(SPWM)控制方式

其特点是控制电路结构简单、成本较低,机械特性硬度也较好,能够满足一般传动的平滑调速要求,已在产业的各个领域得到广泛应用。但是,这种控制方式在低频时,由于输出电压较低,转矩受定子电阻压降的影响比较显著,使输出最大转矩减小。另外,其机械特性终究没有直流电动机硬,动态转矩能力和静态调速性能都还不尽如人意,且系统性能不高,控制曲线会随负载的变化而变化,转矩响应慢,电机转矩利用率不高,低速时因定子电阻和逆变器死区效应的存在而性能下降、稳定性变差等。因此人们又研究出矢量控制变频调速。

（二）电压空间矢量（SVPWM）控制方式

它是以三相波形整体生成效果为前提，以逼近电机气隙的理想圆形旋转磁场轨迹为目的，一次生成三相调制波形，以内切多边形逼近圆的方式进行控制的。经实践使用后又有所改进，即引入频率补偿，能消除速度控制的误差；通过反馈估算磁链幅值，消除低速时定子电阻的影响；将输出电压、电流闭环，以提高动态的精度和稳定度。但控制电路环节较多，且没有引入转矩的调节，所以系统性能没有得到根本改善。

（三）矢量（VC）控制方式

矢量控制变频调速的做法是将异步电动机在三相坐标系下的定子电流 I_a、I_b、I_c 通过三相—二相变换，等效成二相静止坐标系下的交流电流 I_{a1}、I_{b1}，再通过按转子磁场定向旋转变换，等效成同步旋转坐标系下的直流电流 I_{m1}、I_{t1}（I_{m1} 相当于直流电动机的励磁电流；I_{t1} 相当于与转矩成正比的电枢电流），然后模仿直流电动机的控制方法，求得直流电动机的控制量，经过相应的坐标反变换，实现对异步电动机的控制。其实质是将交流电动机等效为直流电动机，分别对速度、磁场两个分量进行独立控制。通过控制转子磁链，然后分解定子电流而获得转矩和磁场两个分量，经坐标变换，实现正交或解耦控制。矢量控制方法的提出具有划时代的意义。然而在实际应用中，由于转子磁链难以准确观测，系统特性受电动机参数的影响较大，且在等效直流电动机控制过程中所用矢量旋转变换较复杂，使得实际的控制效果难以达到理想分析的结果。

（四）直接转矩（DTC）控制方式

直接转矩控制变频技术在很大程度上解决了矢量控制的不足，并以其新颖的控制思想、简洁明了的系统结构、优良的动静态性能得到了迅速发展。目前，该技术已成功地应用在电力机车牵引的大功率交流传动上。直接转矩控制直接在定子坐标系下分析交流电动机的数学模型，控制电动机的磁链和转矩。它不需要将交流电动机等效为直流电动机，因而省去了矢量旋转变换中的许多复杂计算；它不需要模仿直流电动机的控制，也不需要为解耦而简化交流电动机的数学模型。

（五）矩阵式交—交控制方式

VVVF 变频、矢量控制变频、直接转矩控制变频都是交—直—交变频中的一种。其共同缺点是输入功率因数低，谐波电流大，直流电路需要大的储能电容，再生能量又不能反馈回电网，即不能进行四象限运行。为此，矩阵式交—交变频应运而生。由于矩阵式交—交变频省去了中间直流环节，从而省去了体积大、价格贵的电解电容。它能实现功率因数为 1、输入电流为正弦且能四象限运行，系统的功率密度大。该技术目前虽尚未成熟，但仍吸引着众多的学者深入研究。其实质不是间接地控制电流、磁链等量，而是把转矩直接作为被控制量来实现的。具体方法是：

——控制定子磁链引入定子磁链观测器，实现无速度传感器方式；

——自动识别（ID）依靠精确的电机数学模型，对电机参数自动识别；

——算出实际值对应定子阻抗、互感、磁饱和因素、惯量等，算出实际的转矩、定子磁链、转子速度，进行实时控制；

——实现 Band-Band 控制，按磁链和转矩的 Band-Band 控制产生 PWM 信号，对逆变器开关状态进行控制。

矩阵式交—交变频具有快速的转矩响应（<2 ms），很高的速度精度（$\pm 2\%$，无 PG 反馈），高转矩精度（$<+3\%$）；同时还具有较高的启动转矩及高转矩精度，尤其在低速时（包括 0 速度时），可输出 $150\% \sim 200\%$ 转矩。

四、变频器的分类

（一）按变换的环节分类

（1）交—直—交变频器。是先把工频交流通过整流器变成直流，然后再把直流变换成频率电压可调的交流，又称间接式变频器，是目前广泛应用的通用型变频器。

（2）交—交变频器。是将工频交流直接变换成频率电压可调的交流，又称直接式变频器。

（二）按直流电源性质分类

1. 电压型变频器

电压型变频器特点是中间直流环节的储能元件采用大电容，负载的无功功率将由它来缓冲，直流电压比较平稳，直流电源内阻较小，相当于电压源，故称电压型变频器，常用于负载电压变化较大的场合。

2. 电流型变频器

电流型变频器特点是中间直流环节采用大电感作为储能环节，缓冲无功功率，即扼制电流的变化，使电压接近正弦波，由于该直流内阻较大，故称电流源型变频器（电流型）。电流型变频器的特点（优点）是能扼制负载电流频繁而急剧的变化，常用于负载电流变化较大的场合。

（三）按主电路工作方法分类

可分为电压型变频器、电流型变频器。

（四）按照工作原理分类

可以分为 U/f 控制变频器、转差频率控制变频器和矢量控制变频器等。

（五）按照开关方式分类

可以分为 PAM 控制变频器、PWM 控制变频器和高载频 PWM 控制变频器。

PAM 变频器是一种通过改变电压源 U_d 或电流源 I_d 的幅值

进行输出控制的。

PWM变频器方式是在变频器输出波形的一个周期产生多个脉冲,其等值电压为正弦波,波形较平滑。

（六）按照用途分类

可以分为通用变频器、高性能专用变频器、高频变频器、单相变频器和三相变频器等。

此外,变频器还可以按输出电压调节方式分类,按控制方式分类,按主开关元器件分类,按输入电压高低分类。

复习思考题

1. 交流异步电动机的调速方式有哪几种?
2. 变频调速有什么特点?
3. 交流变频系统的基本形式有哪几种?
4. 变频器的作用是什么?
5. 试述变频器的分类。

第十九章　电机车变频调速及应用

第一节　CJ 系列变频调速电机车

一、概述

矿井直流架线电机车近一百年来一直采用结构复杂、造价昂贵、耐潮性差、故障率高、维修费用大的直流传动电动机，而且全国90％的电机车调速系统还是原始的电阻降压调速方式，这种触头式电阻调速机车不仅维修量大，而且因带电阻运行电能浪费高。

河南义马煤业（集团）金马重型机械制造有限责任公司生产的CJ 系列直流架线变频调速电机车和 CT 系列变频调速防爆特殊型蓄电池电机车，开创了直流电机车使用交流电机传动的新纪元，彻底解决了直流电机损坏率高、触头式司控器维修量大、降压电阻耗能高的老大难问题。

CJ 系列直流架线电机车交流电机 DTC 变频调速器，是采用国际最先进的 DTC（零转速满转矩的直接转矩控制技术）变频调速技术，进口原装全套控制电路和进口智能型（IPM）IGBT 模块元件而研制成功的。这种 DTC 的控制技术完全能够使三相鼠笼交流电机达到和超过直流电机的启动转矩（最大可达额定值的300％），满足电机车在低速时的最大启动牵引力，使机车强劲有力。同时它还具有以下特点：

（1）调速范围为精密无级调速，最低可调频率 0.1 Hz，最低车轮转速可调至 0.5 r/min。

（2）可设定任何车速的限制，而这种设定的车速即使在下坡行驶时也不会超过设定的转速。

（3）该调速器的零位即是制动位置，当机车由高速降至低速运行时，尽管机车有高速的惯性，但机车的电机和车轮仍按调制的低速运行。实际上，此时电机起到了减速制动的作用（在黏着条件不破坏的情况下）。

（4）当因司机操作不当致使变频器温度过高（≥85 ℃）时，调速器自动封锁输出。

（5）调速器具有电动机短路、缺相、过电压、欠电压保护功能。

（6）因本调速器具有低速超强的转矩性能，当机车掉道时，也能通过道岔或垫木板开上来（此时，机车外壳必须通过导线与轨道连接）。

（7）司控室装有安全闭锁装置，司控人员一经离车，机车就断电自锁。

该电机车不但调速性能、启动性能、制动性能极佳，而且它与直流电机的机车比较，具有交流电机不易损坏、调速器无触头、无磨损、不用高耗能调速电阻、维修量小等一系列优点，实属高可靠、高性能、高节电的产品。

CJ 系列直流架线变频调速电机车由车体、行车机构、制动机构、撒砂机构、驾驶室、调速器、受电机构等部分组成。

该机车的车体采用超厚特种钢板，使用先进工艺做成，不但外形平整、美观，而且坚固耐久、不易变形。调速器采用分体结构。驾驶室设置在电机车的一端，内部比较宽敞，可乘坐二人。

二、型式、型号

本产品为矿用一般型，标记为"KY"。

（一）型号含义

例如：10 t，轨距为 600 mm，驾驶室位于一端的架线电机车的型号为 CJY10/6P。

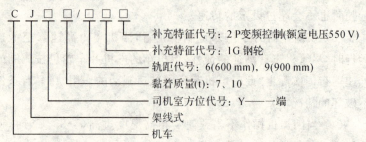

补充特征代号：2P变频控制(额定电压550 V)
补充特征代号：1G 钢轮
轨距代号：6(600 mm)，9(900 mm)
黏着质量(t)：7、10
司机室方位代号：Y——一端
架线式
机车

（二）执行标准

MT/T 1064—2008。

三、适用范围

（一）使用环境条件

机车在下列使用环境下,应能按额定功率正常工作：

（1）海拔高度不超过 1 000 m。

（2）当机车使用于海拔 1 000～2 500 m 的地区时,由该地区的周围空气温度和海拔对牵引电动机温升的影响来决定其功率修正值。

（3）周围环境温度：-15～40 ℃之间。

（4）最湿月月平均最大相对湿度不大于 90%（该月月平均最低温度为 25 ℃）。

（5）运行场所无导电或爆炸灰尘,无腐蚀金属或破坏绝缘的气体或蒸汽。

（二）适用场所

本机车为矿用一般型,使用条件必须符合《煤矿安全规程》的规定,使用在无瓦斯、煤尘爆炸危险的场所。在低瓦斯矿井进风主要运输巷道内使用必须为不燃性材料支护；在高瓦斯矿井进风的主要运输巷道内使用时,必须装设便携式甲烷检测报警仪,并采用碳素滑板或其他能减小火花的集电器。

四、规格和技术参数

（一）机车规格和技术参数

机车规格和技术参数见表 19-1。

表 19-1　　　　　　　　机车规格和技术参数

参　数　　型　号	CJY7/6P、9P	CJY10/6P、9P
黏着质量/t	7	10
轨距/mm	600	900
轴距/mm	1 100	
最小曲率半径/m	7	
轮径/mm	680	
制动方式	机械制动、电气制动	
调速方式	变频调速	
变频范围/Hz	4～40（max：100）	
速度/(km·h⁻¹)	11（max：22）	
架线电压/V	550	
变频调速器 输入额定电压/V	DC 550（250）	
负载侧基波交流电压/V	AC 380（220）	
额定输出功率/kW	44	
效率/%	100%负载 η≥90，25%负载 η≥83	
电机功率/kW	2×22	
牵引力 小时牵引力/kN	11.67	16.68
最大牵引力/kN	17.16	24.5
牵引高度/mm	230/340/450	
外形尺寸/mm	4 480×1 090×1 550 4 500×1 360×1 550	4 480×1 090×1 550 4 500×1 390×1 550

（二）主要电器元部件

主要电器元部件见表 19-2。

表 19-2 主要电器元部件表

名　　称	规格型号
矿用一般型变频调速牵引电动机	YVF-22Q(380)
直流架线电机车用变频调速器	BPT-44/550Z
	BPT-44/250Z
矿用一般型工矿电机车用启动电阻	QZX1-40/550
架线机车 LED 照明灯	DYK9.9/550L(A)
	DYK13.5/250L(A)
矿用一般型自动开关	QDS1-140/250
工矿电机车用自动开关	QDS1-140/550
电机车高压电笛	DDGY-550
	DDGY-250

（三）矿用一般型变频调速牵引电动机

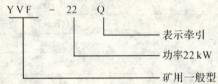

1. 型号含义

2. 基本参数（表 19-3）

表 19-3 YVF-22Q 牵引电动机基本参数

型号	YVF-22Q	额定功率	22 kW	额定电压	380/220 V
额定电流	47/82 A	额定转矩	356 N·m	额定频率	40 Hz
额定转速	590 r/min	恒转矩调频范围	4～40 Hz	恒功率调频范围	40～80 Hz
绝缘等级	F 级	绕组接法	Y/△	工作定额	小时制
防护等级	IP54	防爆类型		质量	500 kg

3. 使用前检查事项

（1）电机外表及内部经常进行煤粉、尘土的清扫工作。

（2）去掉电机表面污垢后，用 500 V 兆欧表检查绝缘电阻，在实际冷状态下其绝缘电阻不得低于 5 MΩ。

（3）检查轴承润滑脂有无污垢。如有污垢，必须用煤油把轴承清洗干净，换入干净的 3 号工业锂基润滑脂，其体积约占轴承室空间的 1/3～1/2。

（4）检查电机转子是否旋转灵活自如，应无轴向窜动现象及不正常的响声。

（5）当电机有 6 根引出线时，定子三相绕组可接成 Y 形（380 V）或△形（220 V）。当电机只有 3 根引出线时，则在电机内部已按要求接成了 Y 形或△形。总之，3 根电源线必须接在标有 U_1、V_1、W_1 的出线上。检查出线标示及连接是否正确。当电源相序与电机接线标示相序一致时，电机应为顺时针方向旋转。

（6）电机应按接地标志可靠接地。

（7）检查全部螺栓及紧固件是否紧固到位。

4. 注意事项与维护保养

（1）隔爆型电机的各隔爆面系本电机的关键部位，要注意维护，防止锈蚀和损伤。在电机修理时，隔爆面须涂 204－1 置换型防锈油（不准涂漆）。隔爆面发生损伤时，应按《爆炸性环境　第 1 部分：设备通用要求》（GB 3836.1—2010）及《爆炸性环境　第 2 部分：由隔爆外壳"d"保护的设备》（GB 3836.2—2010）的有关规定处理。电机维修人员必须经防爆规程知识的培训后方可承担本电机的维修工作。

（2）电机最大电流不得超过额定电流的 1.7 倍，持续时间不超过 1.5 s。

（3）电机最高转速为额定转速的 2 倍，工作时不允许超过其最高转速运行。

（4）应定期检查电机绕组绝缘电阻，在绕组接近正常工作温度时其绝缘电阻不得低于 0.5 MΩ。

(5) 经常清除掉在机壳上的污物,以免影响电机散热。

(6) 为确保电机及配套电器安全可靠运行,电机应在额定电压和额定频率条件下启动后,再调节其频率和电压。

(7) 运行中如发现异常情况,应立即停止工作,待查明并消除故障后方能恢复工作。检查后运行前电机必须恢复封闭状态。

(8) 定期检查,紧固零件应紧固到位。

(9) 电机运行中轴承应润滑良好,发现轴承过热或润滑脂泄出应及时更换 3 号工业锂基润滑脂。

(10) 如发现轴承振动噪声明显增大,应及时更换轴承。

(四) 直流架线电机车用变频调速器

1. 型号含义

2. 技术指标(表 19-4)

表 19-4 　　　　　　　BPT 变频调速器技术指标

直流输入电压:250 V　电压波动范围:170～300 V	
直流输入电压:550 V　电压波动范围:370～660 V	
额定输出功率/kW	3 t—15　　7 t—44　　10 t—44　　12 t—60　　14 t—90
输出电压/V	三相交流180、380
逆变频率范围	0～50 Hz
最大启动转矩	300%额定值
外形尺寸	300 mm×500 mm×800 mm(一体式); 700 mm×340 mm×430 mm(分体式)
质量/kg	85(一体式);62(分体式)

3. 电气原理框图(图 19-1)

本调速器主要由三部分组成：

(1) 直流输入及滤波电路。

(2) IGBT 三相全桥逆变电路。

(3) DTC 控制电路。

变频调速器原理如图 19-2 所示。

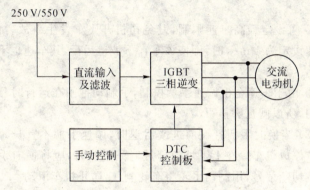

图 19-1　变频调速器原理框图

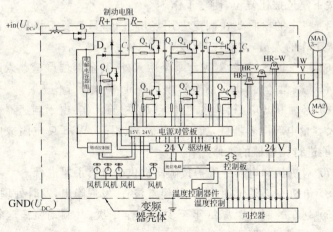

图 19-2　变频调速器原理图

五、使用和维护

(1) 调速手柄向顺时针方向转动为增速,向逆时针方向转动为减速,调到哪个位置,电动机就按调定的频率运转。电动机运转几乎不存在惯性,例如:调速频率从 50 Hz 下调至 10 Hz 时,交流电动机能在几秒钟内即按 10 Hz 频率下的速度运行。如果调速手柄调至零位,电机马上进入制动状态。这种全速度控制型的最大优点是:

① 可设定最高车速限制,避免司机开飞车发生事故。例如:当车速设定为 4 m/s 时,即使该车在下坡道运行,其车速也不会超过 4 m/s。

② 由于车速全由调速手柄控制,手制动抱闸在运行时几乎可以不用,所以闸瓦磨损很小。

(2) 当换向手柄打在前进或后退时,调速手柄不宜长时间调至零位停放机车。在上下坡道停放时间过长时,应将换向手柄打到零位切断信号,用制动手轮将车轮刹住,防止机车滑动。

(3) 因操作不当致使变频器停机,此刻司控盘上的红灯亮,这时应按下复位按钮复位,使之工作。

(4) 机车的检验要在固定专用场所进行,只有负责该机车检修检验工作的人员,才能进行该项工作。

(5) 机车运行时,除驾驶室乘坐两人外,其余部位严禁载人载物;进行检修检验时,机车前后禁止站人,以免误操作伤人。

(6) 必须断开电源后,才准进行检修检验工作,由于调速器内设有大容量电解电容器件,所以开盖后,须用 50 W、8 Ω 电阻放电后,方能进行调速器的维修工作。

(7) 对机械和电器的维护按随车提供的维修手册进行。

(8) 电机车必须定期检修,并经常检查,发现隐患,及时处理。

(9) 列车的制动距离每年至少要测定 1 次,其制动距离应符合《煤矿安全规程》的要求。

第二节　CT 系列变频调速电机车

随着架线变频调速电机车的推广应用,人们对其高可靠的三相交流异步电机和良好调速性能给予了充分的肯定,同时也要求防爆特殊型蓄电池电机车采用交流电机拖动变频调速。

新的 CT 系列蓄电池电机车是采用国际最先进的 DTC(零转速满转矩的直接转矩控制技术)变频调速技术及进口原装全套控制电路和进口智能型(IPM)IGBT 模块元件研制成功的。这种 DTC 的控制技术能够使三相鼠笼交流电机达到和超过直流电机的启动转矩(最大可达额定值的 300%),满足电机车在低速时的最大启动牵引力,使机车强劲有力。同时它还具有以下特点:

(1)调速范围为精密无级调速,最低频率可调到 0.1 Hz,最低轮对转速可调至 0.5 r/min。

(2)可设定任何车速的限制,而这种设定的车速即使在下坡行驶时也不会超过所设定的时速。

(3)调速手柄不但可以使机车速度在设定速度范围内任意操控,当机车由高速调至低速运行时,尽管机车有速度惯性,但机车仍按调定的低速运行,此时起到了制动减速的作用。

(4)该车具有零速制动功能,而一般直流蓄电池电机车是没有电气制动的。

(5)该车具有下坡道运行时对蓄电池充电的功能,能大大延长蓄电池的放电时间,蓄电池充一次电可连续使用三班以上(坡度在 5‰～7‰的条件下)。

(6)因变频器有欠压报警功能,当蓄电池电压低于额定值 85%时变频器停止工作,以防止蓄电池由于过放电而缩短其寿命。

(7)当某种情况下致使变频器温升超过 85 ℃,调速器自动封锁输出。

(8) 调速器具有电动机短路、缺相、欠压保护功能。

(9) 本机车具有低速大转矩特点,在使用过程中,机车落辙掉道也能在垫上垫板的情况下由机车自身的动力缓慢开上轨道。

本系列机车的启动、调速性能同架线变频调速机车,而且交流隔爆牵引电动机不易损坏,调速器无触头,没有耗能的启动调速电阻,维修量小。配套电器均为隔爆产品,更为显著的特点是节电节能效果好。

一、型式、型号

本产品为防爆特殊型蓄电池电机车。

（一）型号含义

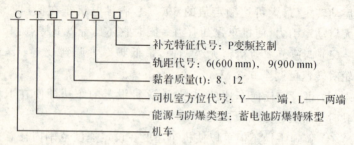

例如:8 t,900 mm 轨距机车,司机室位于两端的防爆特殊型蓄电池电机车,型号为 CTL8/9P。

（二）执行标准

MT 491—1995。

二、适用范围

机车在下列使用环境下,应能按额定功率正常工作:

(1) 海拔高度不超过 1 000 m。

(2) 当机车使用于海拔 1 000～2 500 m 的地区,由该地区的周围空气温度和海拔高度对电源装置和电动机温升的影响来决定其功率的修正值。

(3) 周围环境温度:−15～+40 ℃之间。

（4）最湿月月平均最大相对湿度不大于 90％（该月月平均最低温度为 25 ℃）。

（5）《煤矿安全规程》规定的使用煤矿防爆特殊型蓄电池电机车场所。

本机车为防爆特殊型蓄电池电机车，使用条件必须符合《煤矿安全规程》的规定。

三、规格和技术参数

规格和技术参数见表 19-5。

表 19-5　　　　　机车规格和技术参数

参　数	$CT_L^Y 8/{}^6_9P$	$CT_L^Y 12/{}^6_9P$
黏着质重 /t	8	12
额定电压 /V	140	192
轨距 /mm	600、900	600、900
车轮滚动圆直径 /mm	600	680
速度 /(km·h^{-1})	6.38	10.9
最大速度 /(km·h^{-1})	14.3	27.3
小时牵引力 /kN	12.83	16.48
最大牵引力 /kN	19.62	29.43
通过的最小曲率半径 /m	8	10
牵引高度 /mm	325、435	230、340、450
牵引电动机数量×功率 /kW	2×15	2×22
电机车总长 /mm	4 500～4 800	4 740～4 940
电机车总宽 /mm	1 060、1 360	1 090、1 390
电机车总高 /mm	1 600	
轴距 /mm	1 150	
调速方式	变频调速	
变频范围 /Hz	0～45	0～40

参　　数	$CT_L^Y 8/_9^6 P$	$CT_L^Y 12/_9^6 P$
制动方式	机械制动、电气制动	
电源装置型号	DXT-140(A)	DXT-192(A)
蓄电池容量/(A·h)	440	560
三相交流电压/V	100	140

四、主要受控元(部)件明细表

主要受控元(部)件明细见表 19-6。

表 19-6 　　　　　　　主要受控元(部)件明细表

型　　号	$CT_L^Y 8/_9^6 P$	$CT_L^Y 12/_9^6 P$	规　　格
蓄电池电机车隔爆变频调速器	KBPT-44/192Z	KBPT-44/192Z	额定功率 44 kW、额定电压 DC 192 V
矿用隔爆型变频调速牵引电动机	YBVF-15Q(100)	YBVF-22Q(140)	额定功率 15(22)kW、额定电压 AC 100(140) V
防爆特殊型电源箱	DXT-140(A)	DXT-192(A)	额定电压 DC140(192) V、额定容量 440(560) A·h
矿用隔爆型插销连接器	DCB-260/250	DCB-260/250	额定电压 DC 250 V、额定电流 260 A
矿用浇封兼本质安全型电子喇叭	DLEC1-24	DLEC1-24	工作电压 DC 24 V、工作电流 1.0~2.0 A
矿用隔爆型主令开关	KBM-3/110	KBM-3/110	额定电压 DC 110 V、额定电流 3 A
矿用隔爆型控制按钮	BZA10-5/36-1	BZA10-5/36-1	额定电压 AC 36 V、额定电流 5 A
矿用隔爆型照明信号灯	DGY20/24BH(A)	DGY20/24BH(A)	额定电压 DC 24 V、额定功率 20 W

（一）蓄电池电机车隔爆变频调速器

1. 型号含义

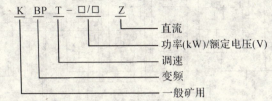

2. 技术指标

KBPT 蓄电池电机车隔爆变频调速器技术指标见表 19-7。

表 19-7　KBPT 蓄电池电机车隔爆变频调速器技术指标

指　标	KBPT-15/96Z	KBPT-30/144Z	KBPT-44/192Z
直流输入电压/V	96	144	192
最大输出功率/kW	15	30	44
输出电压/V	68	100	136

（1）可调频率范围：1～50 Hz；

（2）外形尺寸：380 mm×630 mm×880 mm；

（3）质量：230 kg。

3. 电气原理图（图 19-3、图 19-4）

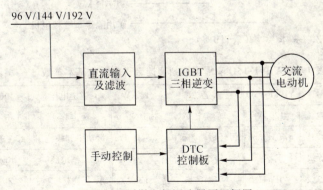

图 19-3　隔爆变频调速器原理框图

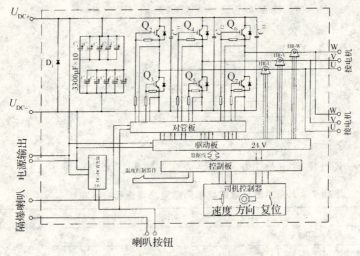

图 19-4　隔爆变频调速器原理图

（二）矿用隔爆型变频调速牵引电动机

1. 型号含义

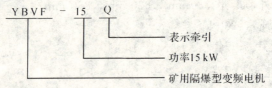

表示牵引
功率15 kW
矿用隔爆型变频电机

2. 基本参数（表 19-8）

表 19-8　**YBVF-15Q 隔爆型变频调速牵引电动机基本参数**

型号	YBVF-15Q	额定功率	15 kW	额定电压	100 V
额定电流	120 A	额定转矩	163 N·m	额定频率	45 Hz
额定转速	877 r/min	恒转矩调频范围	3~45 Hz	恒功率调频范围	45~90 Hz
绝缘等级	F 级	绕组接法	△	工作定额	小时制
防护等级	IP54	防爆类型	Exd1	质量	330 kg

CTY 隔爆变频调速电机车电气原理见图 19-5，CTL 隔爆变频调速电机车原理见图 19-6。

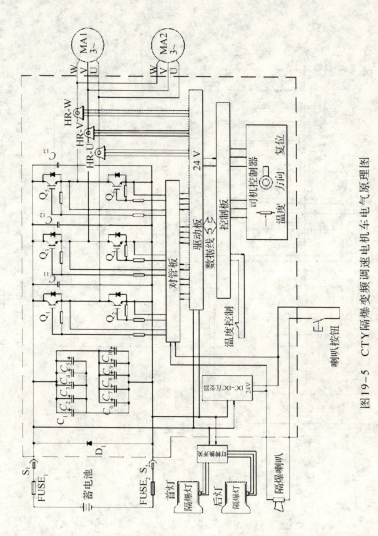

图19-5　CTY隔爆变频调速电机车电气原理图

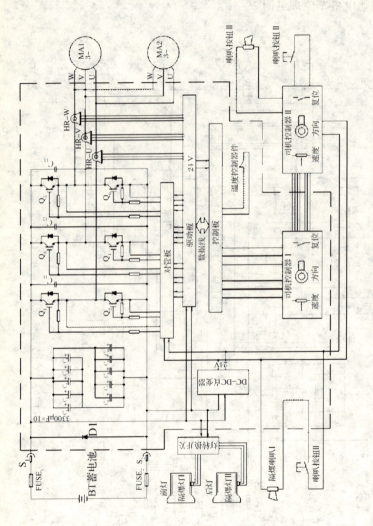

图19-6 CTL+隔爆变频调速电机车原理图

五、电控原理

本系列 8 t 机车采用 DXT-140(A)型防爆特殊型电源装置供电,电源输出额定电压为 140 V,额定容量为 440 A·h;12 t 机车采用 DXT-192(A)型防爆特殊型电源装置供电,电源输出额定电压为 192 V,额定容量为 560 A·h。

(一)原理

电流通过隔爆插销连接器供给隔爆变频调速器,经变频调速器主回路逆变成三相交流输出。DTC 隔爆变频调速器一拖二,拖动两个隔爆三相异步电动机。8 t 机车 DC 140 V 逆变成 AC 100 V 供给两个 AC 100 V 15 kW 的隔爆型三相异步牵引电动机。12 t 机车 DC 192 V 逆变成 AC 140 V 供给两个 AC 140 V 22 kW 的隔爆型三相异步牵引电动机。

直接转矩控制在:

8 t 机车电机频率 5~45 Hz 时恒转矩,45~100 Hz 恒功率。

12 t 机车电机频率 5~40 Hz 时恒转矩,40~100 Hz 以上恒功率。

机车的两条轮轴均为主动轮轴,控制方式为变频调速。配套唐山市现代电器厂生产的 KBPT-44/192Z 隔爆型变频调速器在机车上实现交流牵引。

变频调速器为逆变、变频、司控一体化,采用 DTC 零转速满转矩的直接转矩控制技术。进口的全套控制电路可以满足机车低速启动时的最大牵引力。机车的牵引电动机参数以及最大速度限制由工厂键盘输入、设定。

双司机室机车增加一个司控器。两个司控器各增加一个干簧管做电气闭锁接点,复位按钮并接。

机车照明前后各一个隔爆型子母灯,子母灯由变频调速器供给 DC 24 V 电源,通过一个隔爆主令开关控制转换,实现机车行进方向照明,后边红尾灯亮警示。双司机室机车副司机室增加一个主令开关,两个主令开关并接。

机车警示音响为一个 DC 24 V 浇封兼本安电笛,用一个隔爆按钮控制。双司机室机车副司机室增加一个隔爆按钮与主司机室隔爆按钮并接。

分别见"CTY 隔爆变频调速电机车电气原理图"及"CTL 隔爆变频调速电机车原理图"。

机车具有再生制动功能,当机车运行速度大于手柄设定速度时,牵引电动机即发电并对蓄电池组充电,大大地延长了蓄电池的放电时间。

（二）机车具有的保护

直流欠压保护:欠压极限额定电压 DC 192 V 时设定为 DC 153 V,额定电压 DC 140 V 时设定为 DC 112 V（可在键盘上任意设定）。

堵转保护:发生堵转一定时间后,将停止传动保护电机。

电机缺相保护:电动机正常运行状态下,监视电机电缆连接状态,当电动机任意一相没有连接而启动缺相时,传动单元停止输出。

接地保护:当交流回路发生接地故障时变频器传动单元停止输出。

调速器超温保护:逆变器模块超过 85 ℃,调速器停止输出。

过流保护:可以设定保护值。

短路保护:有电机电缆和逆变器短路的保护功能,如发生短路传动单元停止输出。

电机过热保护功能:不用外部传感器,建立电机温度热模型,有自身计算功能,温升超限时电机实现过热保护。

六、结构

机车车体采用 Q235-A 碳素结构钢厚板焊接结构,不易变形。车架箱体的两端固定着缓冲器,在车架箱体内部有两个中间隔板,用以布置司机室、分装机械和电气部分。

（一）行走部分

轮对的轴材质采用 45 号钢经正火处理车制。车轮为 HT250 轮芯和 ZG40Gr 轮圈。轮芯与轴压装,电加热热装轮圈可以保证零件材质性能。

本机车轮对轴承箱采用 ZG230-450 铸钢,轴上对装 32218 单列向心圆锥滚子轴承,可以承受以轴向载荷为主的径向、轴向联合载荷。轴承箱是轮对和车架之间的连接环节,车架用板弹簧托架支撑在轴承箱上,并能沿轴承箱两侧的导向槽在托架弹簧的变形极限内上下移动。

板弹簧可以吸收机车通过钢轨接头、道岔和不平整轨道时产生的冲击、振动和使机车的两个主动轮轴上均匀地分配黏着质量,以保证机车运行平稳并延长机车和轨道的使用寿命。

本机车的均衡系统采用的是带均衡梁的弹簧托架。板弹簧近似等强度,柔性较大,改善了机车的运行状况。

8 t 机车两条主动轴采用二级齿轮减速器,由箱体内一对圆锥齿轮和一对圆柱齿轮组成,润滑条件好。牵引电动机采用专用的 15 kW、100 V、F 级绝缘牵引隔爆型三相异步电动机。电动机侧的弹性联轴节与减速器侧的弹性联轴节连接传递扭矩,结构紧凑。

12 t 机车两条主动轴采用一级圆柱开式齿轮减速传动,外装护罩。牵引电动机为专用的 22 kW、140 V、F 级绝缘矿用隔爆型三相异步电动机。电动机的一侧由尼龙瓦抱滑动轴承支托在轮轴上,另一侧通过减振弹簧吊挂在车架上,可以保证齿轮传动的中心距不变,结构简单。

两种吨位的机车,都采用手动摇筒式的撒砂装置简单可靠,对砂的干湿度不敏感,不易堵塞。

（二）机车制动装置

两种吨位机车都装备有闸瓦式机械制动装置。通过手轮转动制动拉杆带动制动螺母拉动制动梁,再通过制动拉杆均匀地分配作用力到各个制动闸瓦上。

（三）机车牵引控制设备

8 t、12 t 机车采用同一种隔爆变频调速器,一拖二,一个调速器控制两台牵引电动机。控制器由键盘输入牵引电机数据,并设定机车技术参数。司控器操作简单,一个换向手柄和一个调速手柄就可以完成机车的启动、调速、制动、停车、换向全部控制程序。弱电控制无级调速,充分体现了变频调速的优点,启动调速没有反复的串并电阻,电机的控制从根本上取消了启动电阻而节电。

（四）电源装置

8 t、12 t 机车均采用成套防爆特殊型电源装置。8 t 机车采用 DXT-140(A)型 440 A·h,12 t 机车采用 DXT-192(A)型 560 A·h。

机车使用隔爆型变频调速器具有良好无级调速功能,调速平稳,零位具有电制动换向,调速手柄间有机械闭锁。

七、操作与维护

（1）操作:

① 插接好隔爆插销后,变频调速器接通电源,调速器启动。

② 变频调速器启动后松开机械闸,换向手柄置于行进方向,用转换开关调整照明至行进方向,按按钮鸣笛。调速手柄向顺时针方向转动为增速,向逆时针方向转动为减速,调至哪个位置,电动机就按调定的频率运转。例如:调速频率从 40 Hz 下调至 10 Hz 时交流电机能在几秒内按 10 Hz 频率下的转速运转。如果调速手柄调至零位,电机马上进入制动状态。这种全速度控制型的最大优点是:可设定最高车速限制,避免司机开车超速飞驰发生事故。例如:当车速设定为 4 m/s 时,即使机车在下坡运行其车速也不会超过 4 m/s。

由于车速全由调速手柄控制,机械制动抱闸在运行时不用,所以闸瓦基本不磨损,其机械制动多在停车时为防溜车使用。

当换向手柄在前进或后退的位置时,调速手柄不宜长时间调至零位停放机车。在上下坡道长时间停放,应将换向手柄打到零位切断信号,用机械闸将车刹住防止机车滑动。

③ 双司机室机车前后司控器间有电气闭锁(见 CTL 机车电气原理图),每个司控器的换向手柄控制一组干簧管组合的接点,分别为 S_1、S_6、S_3、S_5、S_2、S_7。其电气闭锁说明见表 19-9。

表 19-9　　　　　　　　双司机室电气闭锁表

序号	前驾司控		后驾司控	
1	无人	S_6 闭,S_1、S_3 开	无人停车状态	S_2 闭,S_5、S_7 开
2	无人	S_6 闭,S_1、S_3 开	有人操控　前进 　　　　　后退	S_2 开 S_5 闭 S_7 开 S_2 开 S_5 开 S_7 闭
3	有人操控　前进 　　　　　后退	S_6 开 S_1 闭 S_3 开 S_6 开 S_1 开 S_3 闭	无人	S_2 闭,S_5、S_7 开
4	有人操控　前进 　　　　　后退	S_6 开 S_1 闭 S_3 开 S_6 开 S_1 开 S_3 闭	有人误动	S_2 开,S_5 或 S_7 闭合

前司控先操控,后司控有人误动操作时,由于 S_6 开路,后司控操动换向手柄时使 S_2 打开,控制回路断开,形成闭锁停车。反之,后驾司控,前驾有人误操作时亦然。

④ 因操作不当致使变频器停机保护时,应按下复位按钮复位,使之工作。

(2) 机车的检验检修应在固定专用场所,井下防爆蓄电池电机车的电气设备必须在车库内进行。在检修检验工作前应拔下隔爆插销连接器,切断电源,然后进行。

(3) 隔爆变频调速器等隔爆电器严禁带电开盖。由于调速器内装有大容量电容,所以开盖后须用 50 W 10～20 Ω 电阻放电,但是必须在《煤矿安全规程》允许的场所进行,否则易引燃引爆瓦斯或煤尘。

（4）DLEC1-24型浇封兼本质安全型电子喇叭只能与经过联检的唐山市现代电器厂生产的KBPT-44/192Z型矿用隔爆型变频调速器和浙江华夏防爆电气设备有限公司生产的BZA10-5/36-1型矿用隔爆型控制按钮连接，不得与其他未经联检的设备连接。

（5）隔爆插销内的保险，必须使用原规定数值的充砂专用保险，禁止使用其他物品代替，更不能短接。

（6）机车必须按润滑表规定的油脂定期润滑。

（7）机车必须按规定的日检、月检、中小修内容进行查验检修，发现隐患，及时处理。

（8）机车的安全制动距离，每年至少要测定一次，其制动距离应符合《煤矿安全规程》要求。

（9）本车是节能型设备，异于传统的串并联电阻调速型直流牵引机车，因无电阻耗电而节能。

复习思考题

1. CJ系列直流架线变频调速电机车有何特点？
2. BPT变频调速器由哪几部分组成？试画出变频调速器原理框图。
3. CT系列变频调速电机车有何特点？
4. 试述CT系列变频调速电机车电控基本原理。
5. CT系列变频调速电机车具有哪些保护？

第六部分
高级电机车司机技能要求

第二十章　电机车常见故障分析处理与安全装置的整定

第一节　常见的机械故障分析处理

一、电机车减速箱产生异响的原因

（1）齿轮磨损严重过限或断齿。

（2）齿轮轴轴承磨损严重或损坏。

（3）齿轮轴弯曲。

（4）齿轮箱紧固螺钉松动或齿轮刮齿轮罩等。

二、电机车轮对轴承箱温度过高的原因

轴承箱温度超过 75 ℃的原因如下：

（1）轴承缺油或损坏。

（2）轴承外套与轴承箱配合松动，运行时相对转动。

（3）轴承外盖歪斜卡轴承。

（4）轴承间隙不合适。

三、空气制动系统中压力不能上升或上升缓慢的原因

（1）空气制动系统中某处有漏气故障（如排泄阀未拧紧，操纵阀、安全阀、管路接头等漏气）。

（2）空气过滤器污损严重堵塞。

（3）空压机缸体某处漏气或吸、排气阀污损。

（4）空压机缸壁或活塞环磨损过限，空压机效率低。

（5）压力表不准。

（6）某些原因造成空压机转速不够，如电机电压过低等。

四、造成空气制动系统压力超过操作压力使安全阀动作原因

当压力表失准时，可能显示气压系统压力超过操作压力。

调压器失准或损坏将会使系统气压超过操作压力；当调压器某电器元件损坏时，不能正常断电，这时空压机将连续工作，当气压超过安全阀整定值时，安全阀动作。

五、空气压缩机噪声过大的原因

（1）固定空气压缩机或电动机的螺钉松动。

（2）内部轴承损坏。

（3）活塞顶缸。

（4）缸体磨损过限或活塞环磨损过限及损坏。

六、电机车闸瓦会出现跑偏故障及临时处理

机车的制动闸瓦是吊装在制动机构上的，在长期使用中制动机构的吊杆与车体固定横销之间必然会产生磨损。若因磨损造成横销与吊杆孔之间间隙过大，制动时就会使吊杆歪斜，从而出现闸瓦跑偏现象。闸瓦跑偏故障，将会影响机车的制动效果，严重时将会造成机车制动系统失灵。因此，发现闸瓦跑偏时就应立即进行检修。井下临时处理方法如下：

在吊杆的下端或调节拉杆的两端，焊接上一个销轴，并使销轴的另一端支在机车的侧板上，使吊杆恢复其原位。这样在制动时其销轴在机车的侧板上滑动，始终支承着吊杆，防止吊杆歪斜，保证闸瓦不偏离车轮踏面。

七、脱轨矿车复轨的处理方法

处理脱轨矿车复轨的方法有：采用复轨器进行处理及搬、抬、垫、支、拉矿车等方法。一般情况下均应使用复轨器处理脱轨矿车复轨。对于 1 t 以下的矿车脱轨，在没有复轨器的情况下，采用短轨支撑进行矿车复轨也非常有效。其方法是用一根 800 mm 左右的钢轨，支撑在矿车的适当位置，利用电机车拖拉复轨。操作方法如下：

　　当列车的尾车前轮脱轨时，将短轨一端支撑在脱轨矿车的前部[图 20-1(a)]，另一端支撑在路基的某一位置，并使短轨在水平方向与轨道之间约成 45°角，然后使电机车按前进方向慢速启动牵引，就可将脱轨矿车拖拉复轨。

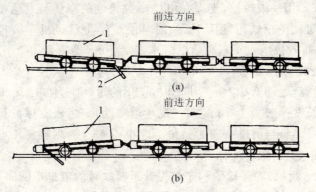

图 20-1　矿车脱轨处理法

（a）矿车前轮脱轨处理法；(b) 矿车后轮脱轨处理法

1——脱轨矿车；2——支撑短钢轨

　　当列车的尾车后轮脱轨时，将短轨一端支撑在脱轨矿车的后部[图 20-1(b)]，另一端支撑在路基上，并使短轨在水平方向与轨道之间约成 45°角，然后使电机车按前进方向慢速启动，牵引脱轨矿车复轨。

　　当列车的中部有矿车脱轨时，应先将脱轨矿车后面矿车前进方向摘掉，然后根据情况按上述处理方法进行复轨。

八、电机车脱轨后进行复轨

　　电机车脱轨属于运输系统较大的故障。由于电机车的车体较重，而且脱轨后电机车本身的动力无法用于复轨，因此必须采用其他动力进行救援（一般采用其他电机车作为动力）。处理脱轨电机

车复轨的主要方法是利用复轨器进行复轨;也可利用千斤顶进行复轨,其方法如下:

将千斤顶(一般使用 5 t 千斤顶)放置在电机车脱轨端底部的中心位置,并将千斤顶底部与路基垫实,利用千斤顶将电机车抬起至车轮超过轨面,然后用道木或其他材料(一定长度)分别将两车轮垫好。用一根短铁,支撑在电机车脱轨端的车体与巷道壁或地面,尽可能使短轨与地面平行,同时使短轨与救援机车方向约成45°角,将救援电机车与脱轨电机车连接好后,慢速启动牵引,直到脱轨电机车复轨。

注意,处理 8 t 以上电机车时,使用的短轨应为 33 kg/m 以上钢轨,长度一般为 1.5 m 左右(按巷道宽度)。短轨支撑的位置和角度要适当,与前进方向的夹角不应小于 45°,否则容易将电机车推向另一侧脱轨。

九、断轴、轮箍松脱和车体弹簧折断故障的电机车回库

电机车发生断轴、轮箍松脱和车体弹簧折断故障时,应立即通知调度人员派专用车辆救援。救援方法如图 20-2 所示。用平板车将电机车故障端垫起,使故障端车轮完全离开轨面,并将电机车与平板车捆绑好,由电机车慢速牵引回库。

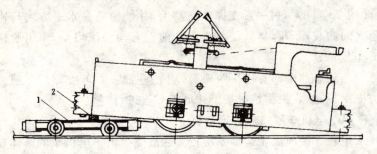

图 20-2　电机车断轴临时处理方法
1——平板车;2——垫木

当电机车车体弹簧折断故障较轻时,可以单机慢速开回车库。

第二节　电气系统常见故障的分析与判断方法

一、电机车集电器与架线接触瞬间造成电网停电或合上自动开关的瞬间跳闸的原因

造成电网停电的原因为:自动开关静触头至集电器的电缆或集电器本身导电部位与车体有短路(接地)处;若自动开关闭合时出现电网停电的故障,则故障原因还有可能是自动开关内部有与车体短路部位。

合上自动开关立即跳闸的原因为:自动开关的引出电缆至主令控制器 2Z 静触头之间存在着与车体短路之处(以 ZK10-7/250-5 机车为例)。

二、控制器闭合后自动开关立即跳闸的原因

原因是电气线路的某些部位对车体有短路处。容易造成短路接地的部位如下(以 ZK10-7/250-5 型机车为例):

(1)主令控制器打到"1"挡时自动开关立即跳闸,则可能是 2Z 静触头、1Z 动触头、4Z 动触头、3Z 触头及 5Z、6Z 动触头以及它们之间的连线或电阻 R_2 端有与车体短路处。

(2)若控制手柄打到"2"挡时,自动开关立即跳闸,则短路接地点为 4Z、5Z、R_3 端及它们之间的连线处。

(3)控制手柄推至"4"挡位时,自动开关跳闸,则短路接地点可能在 6Z 静触头、R_4、8Z、R_5、7Z 动触头 07 线、1M 电机电枢及定子、1Z 静触头或它们之间的连线处。

三、机车出现启动速度快的原因

(1)启动电阻出现短路。

(2)电动机的激磁绕组发生短路故障。

(3)斩波调速控制电路板故障或者可控硅、IGBT 元件损坏。

四、机车不能启动运行的原因

造成机车不能启动运行的原因是机车的电气线路及某些设备开路造成的,其故障位置可能为下述几个方面:

(1)集电器及自动开关之间的连线有开路处。此时合上自动开关机车无照明。

(2)自动开关内部断路及其与控制器之间的连线有断路处。此时机车有照明。

(3)控制器内部的部分触头或接线端子有断路之处。

(4)电动机内部及外部连接电缆有断路之处。

(5)车轮下的轨面上有干砂等杂物造成机车与电网不能形成回路。

(6)蓄电池短(断)路、电量过低,斩波调速控制电路板故障,控制元件损坏等,双司控室机车互锁故障。

五、电机车只能单向运行的原因

电机车只能单方向运行,即牵引电机不能反向工作。牵引电机的反向工作是通过改变激磁绕组的电流方向来实现的,因此当机车的换向控制电路发生断路故障时就会引起该故障。导致换向控制电路不工作的故障有:负责换向控制的触头与铜导电板或某连接导线与接线端子接触不良,或连接导线断路。

对于变频电机车来说,单方向行驶的原因是干簧管损坏或与上板数字输入端口连接线断开,需检查干簧管及连线、检查参数组的设置。

六、造成机车启动速度慢"没劲",且过渡到并列挡时自动开关突然跳闸的故障

启动速度慢又"没劲"的现象表明机车处于单电机运行(蓄电池机车还有可能是电机电量低),或者制动装置未完全松开而并列运行时自动开关跳闸,则表明此时电气回路有接地短路点。该故障可能是 2 号电机有接地短路故障或 09 线有接地短路点(以

ZK10-250 V-5 型机车为例）。

七、机车运行中自动开关跳闸故障

（1）电气回路内某导线断路,造成单电机过负荷运行,引起换向器表面发生环火短路或电机的温升过高造成绝缘击穿而过电流跳闸。

（2）电气回路接地或电动机绝缘老化击穿接地引起过电流跳闸。

（3）机车负荷过大、电源电压过低。

八、机车运行中突然无电压的原因

（1）架线电网停电。

（2）集电器偏离架线滑出,造成架线与集电器支承部位相接触形成接地,而使电网总开关跳闸,架线停电。

（3）集电器脱落或与之相连的电源线脱落。

（4）自动开关内部故障（脱扣装置）造成自行释放。

（5）控制器内部的某触头或连接导线与端子断开或脱落,使两电机的供电回路开路。

（6）机车的电气回路发生短路故障或机车过负荷运行,造成自动开关跳闸或熔断器烧断。

（7）当安装有瓦斯断电仪时,出现瓦斯超限,安全回路自动断电。

九、运行的机车控制手柄由高挡位转向低挡位时,控制器内的触头火花大的原因

（1）触头的吹弧线圈短路。

（2）消弧罩缺损较大,不起消弧作用。

（3）触头的闭合与断开的同时性不符合要求。

（4）操作不当。

十、变频电机车调速不稳及换向就高速（飞车）的原因

（1）调速电位器损坏。

（2）电位器地线短路,应检查电位器与上板 X21 端口连接线。

十一、电气制动力矩小的原因

制动力矩小的主要原因是控制器内用于短接电阻的触头应闭合而未闭合,或触头的连接导线断路。另外机车速度较低时进行电气制动,将不会获得较大的制动力矩。

十二、进行电气制动时没有制动力矩的原因

根据电气制动原理可知,当两电机未构成闭合回路时就不会产生制动力矩。因此故障的原因是构成制动电路的某触头未闭合或连接导线断路。

对于变频电机车,可能出现的原因有:制动模块损坏,制动板损坏,没有制动回路,制动单元程序出现问题。

十三、控制器手柄操作卡劲或闭锁失灵的原因

（1）控制轴上的轴承缺油或损坏,则操作手柄卡劲。

（2）闭锁装置固定上下卡爪用的销子松扣,或其上面的开口销子丢失,使上下卡爪失控。

（3）卡爪上的滚轮或换向棘轮磨损严重,或卡爪磨损严重造成闭锁失灵。

（4）复位弹簧损坏或丢失,使卡爪不能正常复位。

十四、造成电气制动力矩过大的原因

用于短路电阻的触头在不应闭合的位置闭合,或触头两端的导线短路及制动电阻短路,就会引起制动力矩过大。司机未按正常逐挡制动（即操作过快）会导致很大的制动力矩产生。

十五、造成牵引电机过热的原因

（1）机车的牵引负荷过大。

（2）非正规操作。

（3）电机内部发生匝间短路故障。

（4）换向器松动跳片或炭刷压力不符等原因引起换向器表面产生强烈火花。

（5）电机轴承缺油或损坏使机壳温度升高过热。

（6）运行时间过长同样会造成电机过热（电机车电机工作制属间断工作方式）。

十六、牵引电机换向器火花较大的原因

（1）换向器松动，换向器片凹凸不平。

（2）换向器磨损过限造成云母绝缘与换向片齐平，无绝缘沟槽。

（3）使用不同硬度炭刷或炭刷压力不均。

（4）电枢轴弯曲或换向器圆度偏差超限。

（5）炭刷与刷握的间隙过大或刷握与换向器的垂直距离过大。

（6）刷握位置改变，不在中性线上。

十七、造成牵引电机运转时产生异响的原因

（1）电枢轴承磨损过限使电机运转时振动过大。

（2）电枢轴弯曲运转产生振动或使电枢刮磁极。

（3）磁极固定螺栓松动造成刮碰电枢。

（4）换向器与外壳接触或电枢绑线松动刮磁极。

（5）轴承损坏。

十八、电机车风泵突然不工作的原因

（1）风泵内部损坏卡住使电机过流或风泵电机故障短路造成熔断器烧断。

（2）供电回路的导线断路及接线端子与接线接触不良或风泵电机断路。

（3）压力继电器（调压器）接线开路或机构损坏造成触点。

（4）管路压力已达到整定值，调压器触头正常分断。

十九、电机车在运行中出现照明灯突然熄灭或灯光变暗的原因

照明灯突然熄灭的主要原因有：

（1）灯泡的灯头接触不良或灯丝熔断。

（2）照明线路有接地短路的故障引起熔丝熔断或某些线路的接头等断路。

（3）照明电阻断丝或接线端子及开关接触不良。

（4）逆变电源损坏。

灯光变暗的原因主要有以下几点：

（1）机车运行在架线供电的远端，电网压降增大；多台机车同时运行或轨道回路线损坏较多造成架线电压降增大。

（2）蓄电池机车使用时间过长，电池电量降低过多需要充电。

（3）接线端子或接头虚接造成照明电气回路电阻增大，使灯泡的两端电压降低，灯光变暗。

二十、自动开关的整定值的确定

由于自动开关是电机车的过载和短路的总保护开关，因此它的电流整定值主要应按机车过载情况考虑，所以其整定值要按牵引电机的发热情况来定。但由于机车运行情况变化很大，而且电动机的过载能力通常均大于黏着牵引力，因此一般采用对应于极限黏着力电流的 $110\%\sim115\%$ 作为自动开关的整定值。这样可以充分发挥电机车的黏着力，并能很好地对其过流或短路故障进行保护。

二十一、蓄电池电机车插销熔断器的额定值的确定

插销熔断器是蓄电池机车过载和短路的总保护，因此它的额定值的确定与自动开关的电流整定值相同，为机车极限黏着力电流的 $110\%\sim115\%$，并根据计算出的电流，选择靠近熔断器的生产系列内的值，作为熔断器的额定值。

二十二、计算自动开关整定值的步骤

（1）根据电机车的最大黏着力求出每台牵引电机应付出的牵引力。

（2）查牵引电机的工作特性曲线，找出对应的工作电流。

（3）求出电机车最大工作电流并乘以 1.1～1.15 系数，求得自动开关的整定值。

第三节 电机车运输常见事故分析与预防

一、电机车或牵引的矿车脱轨的原因

(一)矿车原因

(1)装载堆积偏后或偏向一侧,使矿车重心后移或侧移。

(2)车轮踏面或轮缘缺损、变形或磨耗超限;矿车轮与轮轴松动,轴承损坏。

(3)车轮不转。

(4)车架或轮轴变形,成为"三条腿"。

(5)轮轴窜轴。

(6)轮轴与车架连接无缓冲,无上下移动间隙。

(二)轨道原因

(1)轨距超宽,水平超限。

(2)钢轨接头塌陷,接头连接扣件松动。

(3)道床不实,有空板、吊板、轨道浮离、三角坑现象。

(4)轨道线路有杂物将矿车支落。

(5)钢轨断裂,轨道变形。

(6)轨道曲线段未按规定抬高和加宽。

(三)操作原因

(1)曲线段列车运行速度较高。

(2)列车驶经曲线段或道岔时,减速过迟造成矿车相互顶撞脱轨。

(3)在顶车驶过曲线或道岔时,冲力过大或未使顶力松解,矿车缓冲器受力方向未随曲线改变,被顶落脱轨。

(4)在繁杂线路段(如反向曲线较多、线路起伏不平路段),司机操作不当,矿车互相顶撞脱轨。

二、电机车或牵引的矿车脱轨防治措施

（一）及时排除轨道质量故障，整修出标准化轨道

（1）保证轨距，调整水平。

（2）钢轨接头应平整。

（3）道床应填实捣固，方向应平整直顺，曲线应圆顺，无三角坑。

（4）清除轨道线路杂物，做到"三无"。

（5）及时更换或加固断裂的轨道。

（6）曲线路段按标准抬高和加宽。

（二）排除矿车故障，保持矿车完好

（1）装载要均匀，不得偏重。

（2）及时更换已缺损、磨损的车轮、轮轴、车架、轴承等零部件。

（3）定期给车轮注油，紧固螺丝。

（三）按《矿用电机车操作规程》正确驾驶机车

（1）调整列车运行速度，不应超过规定的运行速度。

（2）减速或滑行在曲线段或过道岔时，适当加速再减速，防止矿车挤撞在一起。

（3）在曲线或顶车过道岔时，应反复加减速度，改变矿车受力方向，使顶车顺利经过曲线或道岔。

（4）熟悉线路情况，正确、适时加减行车速度，减少运行中的矿车相互碰撞。

（5）注意监视电机车运转情况和负载牵引情况，及时发现矿车脱轨事故，停车处理。

三、列车窜道岔事故的原因及防治措施

（一）事故现象

列车在道岔处，窜向不该转辙的线路或掉道。

（二）发生原因

（1）道岔尖轨闭合不严或磨损超限。

（2）道岔护轮轨工作边与心轨工作边间距不合标准。

（3）有间隔铁的轨槽宽度和深度不足。

（4）尖轨连杆连接销脱落，尖轨受列车振动与基本轨分离。

（5）司机操作不当，如电机车速度较高，或在道岔上增、减速度，或制动停车，易被惯性滑行的列车推落。

（三）防治措施

（1）扳道工应检查扳动后的尖轨与基本轨是否密贴；司控道岔应有道岔转辙方向显示；已磨损超限的尖轨，必须更换。

（2）道岔护轮轨工作边与心轨工作边的间距必须符合标准。

（3）安有间隔铁的轨槽宽度和深度必须符合标准，不得使车轮轮缘在间隔铁上轧过被垫起。

（4）检查道岔的完好情况，达到标准。

（5）列车驶经道岔的速度不能过快；在道岔上，电机车不应增减速度，更不能在道岔上制动；惯性滑行经过道岔时，要适当增速，不使矿车之间挤得太死。

四、列车运行中丢车的原因及防治措施

（一）事故现象

列车运行中，矿车组数量减少，部分矿车脱离牵引。

（二）发生原因

（1）矿车连接装置或缓冲装置损坏。

（2）连接销跳出脱开。

（三）防治措施

（1）连接矿车组时，注意检查矿车的缓冲装置和连接装置是否损坏，决不能使用已有损坏痕迹的连接装置连接矿车。

（2）司机应正常控制行车速度，不可忽快忽慢，减少矿车相互碰撞。

（3）列车的牵引数量严禁超过规定的数量，以防损坏连接装置。

五、电机车（或列车）发生迎面撞车事故的原因及防治措施

（一）事故现象

在同一轨道或相邻轨道道岔处，两辆相向行进的电机车（或列车）相碰撞。

（二）发生原因

（1）信号指挥失误或道岔转辙错误。

（2）电机车窜道岔。

（3）机车停在道岔警冲标防护区内。

（4）司机违章驾驶、闯红灯。

（三）防治措施

（1）调度或信号员应遵章操作，发出信号后应立即检查是否正确，扳道工应检查道岔转辙方向是否正确，杜绝人为造成的事故隐患；符合"信集闭"设置条件的矿井应采用"信集闭"信号系统，实现运输安全监控。

（2）杜绝窜道岔事故。

（3）司机在驾驶机车时，要集中精力，加强瞭望，发现信号或道岔方向存在问题应及时提醒扳道员纠正，消除事故隐患。

（4）司机必须按矿用电机车操作规程作业，在遇道岔时要提前减速，需要停车时必须停在警冲标防护区外。

六、造成机车侧面相撞的原因及防治措施

（一）事故现象

在交叉的电机车运输线路的道口，一列车从侧面撞在另一列车上，造成电机车或矿车脱轨倾倒，甚至撞断管道、电缆，损坏轨道线路，引发更大事故。

（二）发生原因

（1）信号工操作失误，未闭塞进路。

（2）司机不看或无视信号，违章驾驶，列车闯红灯。

（3）巷道地鼓变形严重且车速过快，超宽物料影响。

（三）防治措施

（1）交道口必须设立区间闭塞信号。

（2）车场内严禁列车交错运行。

（3）道口应设置行车警告信号。

（4）司机应高度警惕，遵章谨慎驾驶。

（5）超宽、超高的物料，只许单轨运行。

（6）列车通过道口时，司机应发出声光信号，并用载波电话通报。

七、造成追尾事故的原因及防治措施

（一）事故现象

同轨同向运行的列车后车追撞在前车尾部，轻则电机车或矿车脱轨、倾倒，重则造成人员伤亡，轨道、管道、电缆或巷道支护损坏，引发重大事故。

（二）事故原因

（1）车场中无防追尾信号。

（2）分段供电的架线无断电信号。

（3）行车间距小，司机制动不灵。

（4）司机打盹睡觉。

（5）发生丢车事故，无红尾灯。

（6）运行的列车中途停车未通报，又未采取截尾措施。

（三）防治措施

（1）完善各种行车保护装置。

（2）驶入车场的列车应用载波电话通报。

（3）控制同轨同向行车间距，不小于 100 m 距离。

（4）司机必须精心驾驶，不得违章。

（5）发现丢车、脱轨、路障等事故而中途停车后，必须立即通报,并采取截尾措施。

复习思考题

1. 分析电机车减速箱产生异响的原因。

2. 分析空气压缩机噪声过大的原因。

3. 分析电机车闸瓦会出现跑偏故障的原因及如何进行临时处理。

4. 分析电机车出现启动速度快的原因。

5. 分析电机车运行中突然无电压的原因。

6. 自动开关电流的整定值如何确定?

7. 蓄电池电机车插销熔断器的额定值如何确定?

8. 试述计算自动开关整定值的步骤。

9. 试述电机车或牵引的矿车脱轨的原因。

10. 分析列车运行中丢车的原因及防治措施。

11. 分析造成追尾事故的原因及防治措施。

参 考 文 献

[1] 煤炭工业职业技能鉴定指导中心编写组.电机车修配工[M].北京:煤炭工业出版社,2006.

[2] 国家安全生产监督管理总局宣传教育中心.电机车司机[M].徐州:中国矿业大学出版社,2009.

[3] 国家安全生产监管管理总局,国家煤矿安全监察局.煤矿安全规程[M].北京:煤炭工业出版社,2011.

[4] 李良仁.变频调速技术与应用[M].北京:电子工业出版社,2009.

[5] 劳动部,煤炭工业部.中华人民共和国职业技能鉴定规范暨技能培训教材(煤炭行业):电机车司机[M].北京:煤炭工业出版社,2000.

[6] 孙国兰.煤矿电工学[M].北京:中国劳动社会保障出版社,2006.

[7] 张晓彻.窄轨电机车司机[M].北京:煤炭工业出版社,2007.

[8] 王文升.电机车司机[M].北京:中国劳动社会保障出版社,2007.